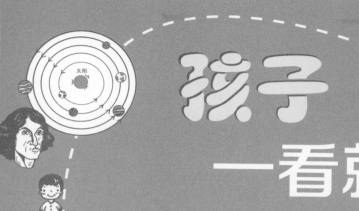

孩子

一看就懂的

宇宙简史

云图科普馆◎编著

中国科学院 国家天文台 徐 龙◎审

宇宙有多大？

太阳还能"活

到底有没有外

中国铁道出版社有限公司
CHINA RAILWAY PUBLISHING HOUSE CO., LTD.

U0261038

图书在版编目（CIP）数据

孩子一看就懂的宇宙简史 / 云图科普馆编著 . —北京：中国铁道
出版社有限公司，2021.8
（写给孩子的前沿科学）
ISBN 978-7-113-27699-7

Ⅰ .① 孩… Ⅱ .① 云… Ⅲ .① 宇宙 – 儿童读物 Ⅳ .① P159-49

中国版本图书馆 CIP 数据核字（2021）第 052583 号

书　名：**孩子一看就懂的宇宙简史**
　　　　HAIZI YI KAN JIU DONG DE YUZHOU JIANSHI
作　者：云图科普馆

责任编辑：陈　胚　　　　　　　　　编辑部电话：（010）51873459
封面设计：刘　莎
责任校对：孙　玫
责任印制：赵星辰

出版发行：中国铁道出版社有限公司（100054，北京市西城区右安门西街8号）
网　　址：http//www.tdpress.com
印　　刷：三河市兴达印务有限公司
版　　次：2021年8月第1版　　2021年8月第1次印刷
开　　本：889 mm×1 194 mm　1/24　印张：8　字数：110千
书　　号：ISBN 978-7-113-27699-7
定　　价：49.00元

序　言

　　周末，小豆丁和爸爸去看了一场科幻电影。电影结束后，爸爸开车载着小豆丁回家。可是，身在车上的小豆丁，整颗心还沉浸在刚才的电影剧情里。

　　"爸爸，真的有穿越时空的虫洞吗？那会不会在另外一个时空里面有另一个我？如果我能到另一个时空去，爸爸是不是都分辨不出来哪一个才是现在的我呢？"

　　"或许真的有吧，但是现在的科学技术手段还无法探测到。毕竟宇宙的奥秘太多了，我们想要了解它，可能还要花很长时间呢！"

　　小豆丁陷入深深的思索中。

　　"如果我们真的能够飞到太空去，我一定要仔细观察每一颗星球，探索它们不为人知的秘密。对了，我还要找到另一个可以生存的'地球'，这样人类就可以在太空中生活了。这种感觉，想想就感觉超级棒呢！"

　　从古至今，神秘的宇宙就是人类探索的目标。为了了解宇宙的秘密，人类发明出了各种高科技仪器，并建造了射电望远镜、宇宙飞船、宇宙空间站……利用这些工具，人类揭开了宇宙的神秘面纱，探索到了很多宇宙的秘密。

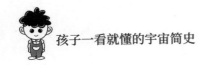

有被称为"太空魔王"的黑洞，它可以吞噬一切物质，就连宇宙中速度最快的光都无法逃离它黑暗的"大嘴巴"。

还有会像人类一样慢慢变老的恒星。恒星虽然代表着永恒，但是它的生命也是有限的。有趣的是，它的生长周期和人类一样，也会经历童年、青年、老年等几个阶段。而且恒星老去之后，可能会变成"虚弱"的白矮星，也可能会变成能量超级大的中子星，甚至有些恒星还会变成黑洞……

当然，宇宙的秘密远远不止这些。例如，太阳系中有会下"钻石雨"的土星和木星，一天都在"躺"着的"天王星"，正在慢慢"逃跑"的月亮……

而人类探索的脚步也从来没有停止过，从神奇的登月旅程到宇宙空间站，人类一点一点接近这些神秘的星球，揭开它们背后的秘密。或许在未来的某一天，人类会在宇宙中找到另一个"地球"。那时的我们，或许可以自由地在太空中来回穿梭。

说了这么多，你一定已经迫不及待想去探索这些奥秘了吧！好了，接下来，就让我们一起走进神奇的宇宙，去领略宇宙的风采吧！

编者

目　　录

01

神奇的宇宙世界

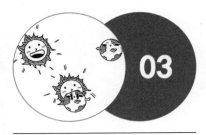

绚烂星空的奥秘

宇宙中的星星们

星星组成的星座

璀璨恒星的秘密

恒星的生命周期

那些有趣的恒星

热闹的太阳系家族

我们的地球和月亮

对未来及外星生命的探索

01 神奇的宇宙世界

广阔无垠的宇宙有什么样的秘密，又存在多少神奇的物质，这些都等着我们去探索……

认识宇宙

宇宙是怎么产生的

宇宙到底是怎么产生的？人类已经对这个问题思考和争论了几千年。在古代，几乎全世界的人都认为，宇宙是由神灵创造出来的，我们人类也是由天上的神仙创造出来的。

后来，随着科学技术的发展，人们对宇宙慢慢有了正确的认识。再加上科学家的探索，人们对于宇宙到底是如何产生的，逐渐有了一些比较科学的答案。在各种宇宙诞生论之中，宇宙大爆炸理论影响最大。

最先提出宇宙大爆炸理论的，是比利时的天文学家勒梅特。他认为，我们的宇宙在最开始就是一个非常结实的"宇宙蛋"。那时的宇宙之中所有的物质，都挤在这个狭小的"宇宙蛋"里面。后来，随着"宇宙蛋"中的物质不断膨胀，宇宙终于承受不住，爆炸了。这时，宇宙的物质在大爆炸中分裂成了碎片，我们的宇宙就这样诞生了。

勒梅特的这种观点影响十分深远，很多物理学家都认为宇宙就是由于爆炸而产生的。不仅如此，美籍物理学家伽莫夫等人，还在勒梅特的宇宙爆炸论基础上详细勾画了宇宙产生的过程。

在伽莫夫等人勾画的宇宙图景中，我们的宇宙在 150 亿年前，只是一个非常坚硬的奇点，直到宇宙大爆炸之后，宇宙中的物质才慢慢扩散开来。然后，这些宇宙物质经过演化，变成了我们现在能看到的星球。而我们的宇宙因为这次爆炸，内部也变得越来越稀疏，温度也跟着慢慢降了下来。

随后，宇宙经过很长一段时间的演化，逐渐孕育出许多星球，更多的星球给了宇宙诞生生命的可能，宇宙因此变得生机勃勃。不过，我们人类诞生的时间就比较晚了。根据科学家的推测，人类最早可能是在 400 万年前出现的。

人类出现后，对宇宙的探索越来越多。天文学家不仅了解了宇宙大爆炸的过程，而且还惊奇地发现：我们的宇宙到现在还在不停地膨胀，并且膨胀的速度还特别快。

根据科学家的推测，宇宙如果一直这样膨胀下去，或许在 100 亿年之后，宇宙中所有的能量就会被消耗光，我们的太阳系也不例外。到那时，宇宙中的所有物质残骸可能就会逐渐聚集，最后集中到一起，形成一个巨大的黑洞，最终整个宇宙会变得漆黑而寒冷。

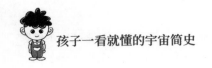

另外，也有一些科学家认为，宇宙膨胀到一定程度会发生第二次爆炸，那时宇宙的所有物质都会被毁灭，地球也会在第二次爆炸中"灰飞烟灭"。

不过，宇宙未来的命运究竟如何，科学家到现在也没有统一的说法。毕竟，人类在宇宙之中太渺小了。但不管宇宙到底是怎样产生的，未来的命运又将怎样，对我们来说，现在最重要的就是好好保护我们的地球，毕竟地球是我们目前唯一可以生存的家园。

小豆丁懂得多

除了宇宙大爆炸理论之外，对宇宙是如何产生的，还存在着许多其他的观点，比如，有些天文学家认为宇宙其实不止一个。

这些天文学家认为，我们现在所生存的宇宙其实产生于一次时空之门的开启。他们猜测当时存在很多个宇宙，在这些宇宙之中有一个非常大的超级宇宙。这个巨大的超级宇宙不断地吞噬其他的天体。

这个超级宇宙的质量变得越来越大，它的核心部分逐渐变成一个能量体。然后，这个超级宇宙积累的能量越来越多，多到可以摧毁一切物质。这时，再也"吃"不下任何物质的超级宇宙冲破了时空之门，把所有的能量都释放出来之后，又关上了时空之门。而这些被超级宇宙释放出来的能量经过漫长的演变，就形成了我们现在所生存的宇宙。

　　不过，这种观点也只是科学家的一种猜测而已。

宇宙到底有多大

地球、太阳系、银河系都存在于茫茫的宇宙之中。这个容纳着万物的宇宙似乎无边无际，但在科学家的眼中，任何东西都是有大小的，宇宙也不例外。那么，我们的宇宙到底有多大呢？

在现代科学所能达到的尺度上，科学家推测宇宙的直径大约有 920 亿光年，甚至还可能更大。在这个广阔无垠的宇宙之中，我们的地球、太阳，甚至整个银河系都不过是沧海一粟。

据估计，目前我们能够观测到的星系就超过 2 万亿个。如果以每个星系 1 000 亿颗恒星来算，我们的宇宙中大概有超过 2 000 万亿亿颗恒星。要知道，地球地表上所有的沙子加起来也不过是 50 万亿亿粒。

2 000 万亿亿这个庞大的数字代表着，太阳在宇宙之中比一粒沙子

渺小的地球

地球相对于浩瀚的宇宙实在太渺小了，我们不能用地球上常用的单位去衡量宇宙，通常，我们用光年这种长度单位衡量宇宙中的距离。

还要渺小，我们的地球则小得几乎无法计量了。

　　科学家发现，宇宙之中除了这些大大小小的星系之外，还有很多我们看不见的东西，并且这些东西几乎占据了宇宙的大部分。科学家在研究过程中，将这些东西称为暗物质和暗能量。

　　根据推算，宇宙中构成天体和星际气体的常规物质大约只有宇宙总能量的1/20，其余的部分由暗物质和暗能量组成。科学家认为暗物质和暗能量遍布宇宙各

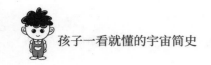

处，但是我们看不到也摸不着。就目前科学的研究来看，它们会对宇宙中的其他物质有作用力。

根据太空探测器探测的结果，科学家推测，我们的宇宙就像一块网状的泡沫。宇宙中所有的星系，几乎都分布在这块泡沫上的"纤维带"上。星系的中间则是巨大的空洞。这些空洞的体积巨大，甚至有些空洞的直径高达 3 亿光年。

起初，天文学家认为，这些空洞里空无一物，后来证实这种说法并不正确。虽然这些空洞看上去什么也没有，但实际上，空洞里面却充满了暗物质和暗能量。

天文学家还发现了黑洞。黑洞能够吸引一切东西，甚至光都无法从黑洞中逃逸出去。这一发现，在天文界，甚至整个世界引起轰动。不仅如此，天文学家在追溯黑洞的来源及其发展过程时，又推测出白洞和虫洞的存在。

有些科学家认为，黑洞和白洞处在不同的时空，而虫洞就是连接这两个时空的隧道。如果穿过虫洞就有可能实现时空穿越，这无疑对人类来说，是一件心之向往的事情。

地球、太阳、星系、暗物质与暗能量、黑洞等，都包含在浩渺的宇宙之中。人们在感叹宇宙之大的同时，也被这个充满神秘物质的宇宙深深吸引着。到底宇宙还有哪些不为人知的秘密，还有多少惊喜在等着我们？别着急，我们一起看下去，相信你会慢慢发现宇宙中的奥秘。

小豆丁懂得多

我们现在所说的宇宙，是指囊括一切空间和时间的综合体，宇宙不仅仅在空间上是无边无际的，在时间上也是无始无终的。除了时间和空间之外，宇宙还包括了物质和能量。一些科学家认为，现在的宇宙主要是由以上这几部分组成的。

宇宙中的万物都在按照自身的规律不断地运动变化着，天空上的每一颗恒星都在发光发热，在自己的轨道上不断地运动着。行星也在运动，地球上的生命也在不断地变化着，就连我们看不到的暗物质、暗能量也处于永恒的运动之中。

宇宙是什么味道

迄今为止，人类已经去过太空，甚至登上过月球。有一些曾经拜访过太空的宇航员表示，他们在太空闻到了一种烤焦的牛排的味道。他们都觉得这种味道并不好闻。为了加强宇航员的训练，从而让他们更好地适应太空环境，美国还曾经让专门从事香料制造的人员，调配出这种味道，以便让宇航员进行模拟训练。听起来，这似乎并不是一份好差事。

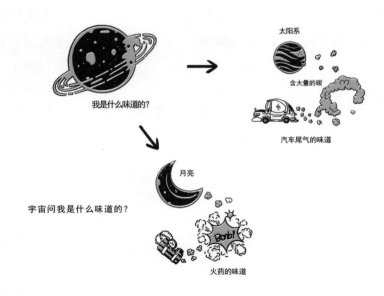

我是什么味道的？

太阳系

含大量的碳

汽车尾气的味道

月亮

宇宙问我是什么味道的？

火药的味道

当然，在宇宙不同的地方，散发出的味道也不尽相同。宇航员推测，这些味道包括香甜的糖果味，臭鸡蛋味，甚至还有火药味。

一、柴油味的宇宙边缘

科学家推测，在宇宙边缘的地方，有一股金属、柴油和烧烤混合在一起的味道，这种味道主要来自宇宙边缘正在剧烈燃烧即将消失的恒星。这些恒星在即将消亡的时候，会产生一种叫作多环芳烃的化合分子。

这些分子就像漂浮的雪花一样充斥在宇宙中，而且它们经常出现在彗星、流星和太空尘埃中。据说，这些分子就是地球上生命最初形成时的成分。我们在煤炭、石油和食物中，也能轻易找到这些闻起来像柴油的多环芳烃分子。

二、刺鼻的太阳系

太阳系里有我们居住的地球，有漂亮的月球，还有其他很多美丽的行星。不过，进入太空的宇航员却说，太阳系味道很刺鼻，就像汽车排出的尾气一样难闻。

璀璨的太阳系看起来那么绚烂，为什么味道会这么难闻呢？这是因为，在太阳系中碳含量比较高，因此气味会特别刺鼻。与太阳系相比，一些含氧量比较高的星系的味道就好闻多了，它们的味道就像木炭烧烤一样，让人不禁想到那些美味的烧烤。

三、火药味的月亮

月亮的味道像燃烧着的火药味。虽然登上月球的宇航员，在密闭的宇航服里

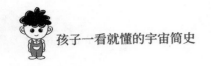

闻不到月球的味道，但是当宇航员从月球返回时，大量的月球尘土就会黏在宇航员的宇航服上，被宇航员带回太空舱。

尽管月球上的尘土看起来与我们地球上的尘土没有区别，但是月球上的这些尘土并不简单。科学家用显微镜观察时发现，月球尘土中有很多种复杂的成分，它们混合在一起，会散发出火药味。

目前，科学家还没有揭开月球味道的谜团。月球尘埃中的物质大部分都是流星撞击月球时产生的二氧化硅。除此之外，月球尘埃中还含有一些类似铁、钙、镁的矿物质。令人诧异的是，充满火药味的月球尘埃一旦被带回地球，就会失去这种气味。

四、黑洞的味道

除了温暖的太阳和清冷的月亮，在浩瀚的宇宙之中，人们还十分好奇神秘黑洞的味道。从黑洞的照片来看，它的形状就像一个香甜可口的甜甜圈。

那么，这个能吸收一切的黑洞到底是什么味道呢？目前，我们还无法接近黑洞，或许它也拥有奇特的味道吧！

小豆丁懂得多

很多人可能会好奇，除地球之外，宇宙的其他地方为什么也会存在味道？地

球上的食物、植物、动物等有气味是很正常的一件事情，但是宇宙中其他地方有味道难免让人感到费解。

其实，气味也是一种物质，它之所以能散发气味，是因为构成物体本身的一部分分子扩散时产生的。

宇宙中的神奇物质

宇宙中的反物质

　　小豆丁知道，世界是由物质组成的。但今天他却听老师说，世界上还存在一种叫作"反物质"的东西。这颠覆了小豆丁认知。那么反物质是什么？宇宙之中是否真的存在反物质呢？

　　简单来说，反物质就是"正物质"的镜像，就好比在镜子中的我们一样，是"正物质"镜像般的存在。反物质是在宇宙大爆炸中形成的。

　　宇宙在大爆炸后，随着宇宙的不断膨胀，伴随着不断下降的温度，其中含有的极高能量不断崩解成大量的粒子（物质是由粒子组成的）和反粒子（反物质是由反粒子组成的）。

　　粒子和反粒子就像是一对"情侣"，相遇后便会互相吸引，但他们一旦相遇就会同归于尽。粒子与反粒子一一配对湮灭后，剩余的粒子就会聚集在一起，逐渐变成物质，最终形成宇宙中的各种物质和天体。

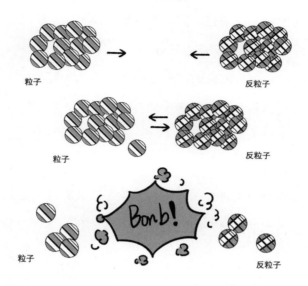

最初提出反物质概念的是英国物理学家狄拉克。他在研究相对论和量子力学时提出，在自然界中不仅存在着物质，还可能同时存在着一种与物质相反的反物质。

狄拉克的这一理论在科学界引起了轰动。很多科学家认为，狄拉克的设想不无道理，于是纷纷踏上了寻找反物质之旅。起初，美国物理学家安德森通过研究，发现了一种来自遥远太空的宇宙射线。在研究这种射线时，他惊奇地发现，这种射线中含有一种反物质粒子。这种反物质粒子与粒子的质量和电量完全相同，唯一不同的就是它与粒子的电量符号方向相反。

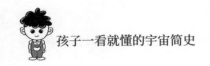

这一发现无疑证实了狄拉克的设想，因此科学家对反物质研究的热情逐渐高涨，寻找反物质的步伐也越来越坚定。随着科学技术的不断进步，科学家发现的反粒子也越来越多，如反质子、反中子等。

科学家逐渐揭开反物质面纱的同时，越来越多的人开始好奇，研究反物质的意义何在，为什么反物质会受到科学家的热烈"追求"呢？其实，科学家之所以如此热切地探求反物质，不仅仅是为了证实狄拉克的理论是否正确，其最主要的目的是获取巨大的能量。

物质与反物质这对"夫妻"，在宇宙中是无法共存的。它们一旦相遇就会发生湮灭，并释放出巨大的能量。根据研究，一颗含有 0.25 克反物质的炸弹就能将一座城市毁灭。

虽然正、反物质结合时产生的能量十分可怕，但是如果这种能量能被人类控制，则会给人类提供很大的帮助。正、反物质湮灭后，所产生的能量是一种超级干净的能源，也是太空航行所需的最佳能源。

不过，反物质只是一种假想的物质。在现实生活中，科学家只能够制造出一些反物质粒子，几乎不足以构成任何实际的反物质。这也是科学家在地球上几乎找不到反物质的原因。这么少的反物质粒子能做什么呢？如果将它们合在一起与正物质粒子进行湮灭，所提供的能量连一杯水都烧不开。

目前，人类还没有找到能够产生大量反物质粒子的方法，即使有一些生产反物质粒子的理论方法的存在，也因为生产过程需要的能源消耗，远远超过人类的承受能力而无法实现。

地球上没有发现反物质，但宇宙中有很多。1997 年 4 月，美国科学家通过探测卫星在银河系上方 3 500 光年的地方，发现了一个不断喷射反物质的反物质源。这个反物质源喷射出的反物质形成了一个巨大的宇宙喷泉。然而，这个反物质源离我们太远，目前，对我们来说只是"可远观而不可亵玩焉"。

太阳风

太阳风不是真的"风"，而是一种带电粒子流，不过这种粒子流所产生的效应和地球上的风非常相似。而且，太阳风的威力也远远超过地球上的风，人类测量过最大的风速是 103 米 / 秒左右，而宇宙里的太阳风风速却高达 200 千米 / 秒到 800 千米 / 秒。

现在看来，我们利用反物质的道路依旧是"路漫漫其修远兮"，但是科学的发展是永无止境的，或许在不久的未来，反物质也会为我们所用。

小豆丁懂得多

通过了解宇宙知识，小豆丁了解到，虽然宇宙中充满了各种各样的物质，但

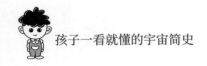

从观测的角度来看，宇宙依然是无比空旷的，因为可观测到的物质一般都以可见天体的形式存在着。

在晴朗的夏夜，我们可以看到满天的繁星，天空似乎都被星星挤满了，然而真实的情况是，星星之间的距离都是非常远的。我们都知道，太阳系里有八大行星和很多小天体，这些天体看起来很多，但如果把所有天体都放在一起连月球和地球之间的空间都放不满。

假如将整个太阳系看成一个足球场，球场上的一些小玻璃球就是各种天体，其中最大的一颗也不过只有鸭蛋大小。把所有玻璃球都聚拢起来，也放不满一个小小的快递盒，我们的太阳系就是这么空旷。太阳系是这样，宇宙也是这样。

宇宙中的暗物质和暗能量

我们之所以能够看到广袤宇宙中的星体，是因为一部分星体自身会散发光芒，另一部分星体则是反射发光星体的光芒。除了这些星体以外，宇宙大部分的空间都是漆黑一片。在这些漆黑的空间中存在着很多我们看不见的暗物质和暗能量。

简单地说，暗物质是指那些不能发光，没有任何电磁辐射的物质。暗能量是指一种看不见，但是能推动宇宙膨胀的能量。上文提到过，物质仅占宇宙的大约5%，剩下的95%都是暗物质和暗能量。那么这些占据宇宙大部分空间的暗物质和暗能量到底从何而来，又有什么作用呢？

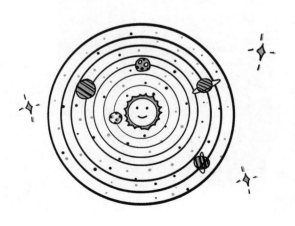

科学家发现暗物质的过程源于一场"事故"，但就是这场"事故"几乎推翻了传统的物理学理论。根据传统物理学的观点，星系由于引力的作用，会一直围绕着星系的中心旋转，比如，太阳系会围绕着银河系的中心旋转。按照万有引力的

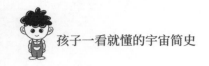

定律，距离越远的星系，旋转速度越慢。但科学家在观察宇宙时惊讶地发现，这些星系在旋转时的速度居然都差不多。

科学家的实际观测结果推翻了经典物理定理，于是很多科学家纷纷对牛顿力学和经典物理学产生了怀疑。当传统物理学受到质疑之际，一些科学家提出了暗物质理论。他们认为，在宇宙之中，有着许许多多我们检测不到的暗物质。这些暗物质的存在，导致离星系中心较远的恒星，能够做出和离星系中心较近的恒星差不多速度的圆周运动。

发生这场"事故"后，科学家对暗物质追本溯源，发现暗物质对我们的宇宙非常重要，对宇宙演化有重大影响。

不过，尽管暗物质力量很强大，却仍然不足以"统治宇宙"。科学家发现，支配宇宙的力量来自另一种神秘物质——暗能量。

按照暗物质让物质聚拢的特性，宇宙应该因这些暗物质而逐渐降低膨胀的速度，甚至会慢慢收缩。但事实完全出乎科学家的预料，我们的宇宙不仅没有收缩或减慢膨胀，

万有引力定律

它是解释物体之间的相互作用的引力的定律。简单来说就是，物体之间的引力大小与它们质量的乘积成正比，与它们距离的平方成反比，与两物体的化学组成无关。

而且还在加速膨胀。

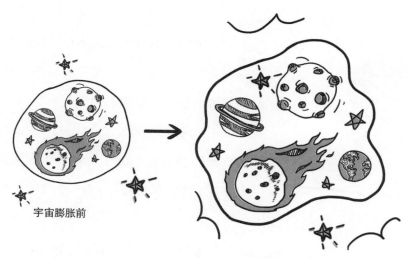

宇宙膨胀前

宇宙膨胀后

　　为了解释这个现象，科学家提出了暗能量理论。我们的宇宙之所以一直在加速膨胀，是因为暗能量这种异常强大的力量在"作祟"。

　　暗能量的理论的提出，是物理学的一大进步。尽管目前我们对宇宙的认知有了很大进展，科学家依旧不清楚暗能量到底是什么，甚至说对暗能量一无所知。

　　目前，关于暗能量的课题和理论还处在起步状态，小豆丁想，"或许在未来的某一天，通过不断地学习和努力，我会发现一个暗能量的完美理论！"

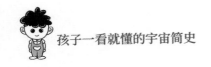
小豆丁懂得多

一个伟大的科学家，不仅会经历万人追捧的高光时刻，更重要的是能够经历长时间的枯燥研究，很多科学家甚至一生都默默无闻，但这并不妨碍他的伟大。

20 世纪就有一位伟大的瑞士科学家，他的名字叫弗里茨·兹威基，他一生发现了 122 颗超新星，但是却长期在科学界无人知晓。

虽然现在暗物质和暗能量的话题经常被科学家津津乐道，但是在 1933 年之前，除了弗里茨·兹威基之外，几乎没有人关心漆黑一片的宇宙中存在着哪些我们看不见的东西。直到弗里茨·兹威基发表了一项惊人的宇宙研究成果——宇宙中我们能看到的物质仅仅占宇宙总质量很小的一部分，而大部分的质量都是人类看不见的暗物质。后来，科学界才开始慢慢关注起暗物质来，而这位备受冷落的科学家才开始被人知晓。

听着弗里茨·兹威基的故事，小豆丁更加崇拜科学家，在他看来，科学家埋头肯干的精神更值得学习。

宇宙中的太空魔王——黑洞

在广阔无垠的宇宙之中，存在着一个难以探测的"太空魔王"。这个"魔王"不停地"吞吃"着周围的一切物质，就连速度最快的光也难以逃脱它的吞噬。任何物体一旦被它的引力吸引，就没有逃离的希望，只能被它吞进"肚子"里面，最终消失。

这个可怕的"太空魔王"就是黑洞，在天文学上，它指的是宇宙中一些引力场特别强大的天体。

黑洞是如何产生的呢？这首先要从牛顿的万有引力谈起。根据万有引力定律，宇宙中所有的天体之间保持一个相对平衡的运动，也保证天体内部的物质能够被吸引住。比如，地球受太阳的引力而围绕太阳公转，而地球上的物体受地球引力，不会随意飞离地球等。

如果想要将地球上的物体送往太空，并在太空中围绕地球公转，那么至少要保证这些物体获得摆脱地球引力的能量，即物体运动的速度要能够达到宇宙第一速度，即 8 千米 / 秒；如果想要让地球上的物体完全脱离地球的引力，让它脱离地球飞向更远的星球，则要保证物体的速度能够达到宇宙第二速度，即 11 千米 / 秒。

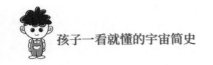

而黑洞的引力非常大，即便是光也无法摆脱黑洞的引力，自然地，速度达不到光速的物体也就都没有办法逃脱黑洞了。

天文学家认为，黑洞的"魔力"如此强大，很可能是因为它是由质量比太阳还要大 20 倍的恒星塌缩而成的，因此具有超强的引力。恒星的发光本质上是在进行自我"燃烧"，但燃烧总会停止，当宇宙中很大质量的恒星燃烧到了"老年时代"，它的核心就会不断地收缩，等到核心中的所有物质变成中子时，它的收缩才会停止，最终它会被压缩成核心非常密实的球体。

德国的科学家曾计算出了一个可能具备无穷大引力的天体半径，一旦这些拥有密实核心的天体半径达到了这个大小，就很有可能拥有无限大的引力，所有被它吸引的物体都没有办法逃脱，就连宇宙中最快的"奔跑者"光都无法逃离，只能被它永久地吸引。这时，黑洞就诞生了。

现实生活中，我们并不能看到真实的黑洞，因为黑洞一直隐

宇宙速度

第一宇宙速度指的是飞行器环绕地球飞行的最小速度，第二宇宙速度指的是飞行器摆脱地球引力的最小速度，第三宇宙速度指的是飞行器飞出太阳系的最小速度。这三个速度的精确值分别是 7.9 千米 / 秒、11.2 千米 / 秒和 16.7 千米 / 秒。

形于宇宙之中。原因是我们看到的一切，本质上都是光的反射，但是在黑洞周围，光会被黑洞巨大的引力拉离原来的方向。

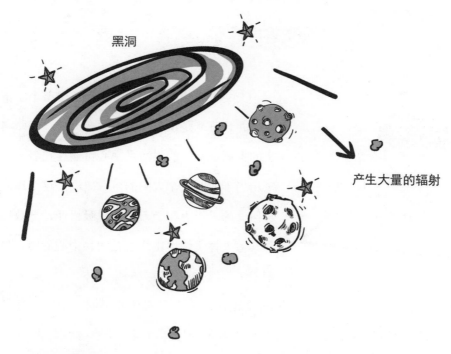

黑洞

产生大量的辐射

当光经过黑洞时，会被强大的引力吸引走，导致一部分光掉进黑洞的"陷阱"之中，无法形成反射。

既然看不到，怎么证明它的存在呢？这难不倒聪明的科学家。虽然无法观测黑洞，但可以观测黑洞周边的天体。

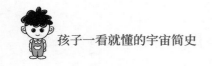

当黑洞吸取周围天体时，会产生大量的辐射，这个过程就是吸积。黑洞不断吸取周围的天体后，这些被吸走的天体就会旋转着落在黑洞上。

小豆丁懂得多

天文学家认为，黑洞普遍存在于整个宇宙之中，并且可能是组成宇宙的主要天体。按照科学家的推测，我们的银河系中心可能存在着一个质量相当于 400 万个太阳的巨大黑洞。这个黑洞自身巨大的吸引力将上万颗恒星吸引住，导致恒星和其他天体飞快地围绕着银河系中心旋转，最终形成了银河系这个巨大的集合体。

科学家在研究黑洞时发现，银河系还存在着很多流动的黑洞，如果这些黑洞进入太阳系，并朝着地球的方向运行，那么我们的地球可能就难逃被吞噬的厄运了，那时科幻小说中关于地球毁灭的描述可能就会变成现实。

不过，这只是科学家一种大胆的推测而已，事实上，发生这种情况的可能性非常小。

关于科学家对黑洞的研究还有一个有趣的故事。

　　霍金是位伟大的科学家，据说，其对黑洞的研究成果源于他的一个闪念。1970 年 11 月的一个夜晚，霍金在回屋睡觉时开始思考黑洞的问题。他突然想到，黑洞应该是有温度的，这样它才会发出辐射，可能黑洞并不像我们想象中的那么黑。就是这一闪念让霍金有了新发现。

　　经过三年的思考和推导，霍金正式向世界宣布，他推测出，黑洞会不断地辐射出 γ 射线和 X 光等，这就是著名的霍金辐射理论。

　　可见，科学源自伟大的想象力和严谨的实验推理，这二者缺一不可。而想象力就是科学的翅膀！

意大利面条化效应

意大利面条化效应是指当物质接近黑洞时，物质就会被黑洞的引力拉长，变成像意大利面条一样的形状。这听起来似乎很有意思，但是靠近黑洞并不只是会变成面条那么简单，毕竟黑洞这一神奇天体有着太多不为人知的奥秘。

为什么会说接近黑洞时会变成面条呢？想象一下，如果一个人两脚朝下飞向黑洞的话，他的脚最先接近黑洞，所以脚受到的黑洞引力比头部受到的引力要大。身体在下落过程中，垂直方向被拉伸，水平方向被挤压，最终，人的身体不仅会被拉长，而且会变细。

　　所以，当一个人穿越黑洞时，可能身体还没有抵达黑洞中心，就已经变成了一根长长的意大利面条了。

　　通过这种假设不难想象，如果我们的地球边上突然出现一个黑洞，意大利面条化的引力效应也会生效。当地球接近黑洞时，靠近黑洞的一端会因为引力被拉长，直到最后成为一根"意大利面条"。这样看来，只要星球接近黑洞，就很难逃离被撕裂的厄运。

　　更糟糕的是，当物质堆积在黑洞周围时还会发光，并且它们的温度会保持在一个较高的范围。这就意味着，任何在黑洞周围旋转或者位于黑洞周围的物体，在被黑洞引力拉成意大利面条之前，都会被这些温度极高的堆积物烤焦。

　　科学家对黑洞的推测似乎都有道理，只是目前还没有充足的证据来证明这些理论的真假。不过，我们也不必为黑洞是否会吞噬地球而忧心，毕竟地球遇见黑洞只是目前科学家的推测，至于穿越黑洞的秘密，我们还是交给时间来解答吧！

小豆丁懂得多

　　学习完关于黑洞的知识，小豆丁对黑洞产生了很大的兴趣。放学后，他上网查阅了关于黑洞的更多资料。

　　一些科学家认为，当一颗体积庞大的恒星死亡之后，剩余的部分就会变成黑洞。

他们推测，当恒星死亡后，恒星已经耗尽了它的能源，这时恒星强大的引力就会把物质向内推，不断挤压内核。当内核压缩到一定程度后，恒星的温度则会不断升高，最终爆炸成超新星。

在爆炸的过程中，这颗体积庞大的恒星中的物质和辐射就会被抛入太空，剩余的内核逐渐冷却，从人们的视野中消失，恒星原来的内核就会变成黑洞的中心，被称为"奇点"，黑洞则被称为"事件视界"。

"事件视界"是一种时空的区隔界限，在事件视界以外的观察者无法观察到事件视界内的任何信息，事件视界内的事件也无法影响到视界以外的人。任何物质一旦从事件视界，也就是黑洞的洞口经过，就会永远消失。而且，在黑洞的事件视界内，一切事件都停止了，包括光在内的任何物质都无法在事件视界内逃脱。

白洞里的时光之旅

　　黑洞是目前已经被证实存在的一种特殊天体，它能吸收一切物质，就连光也不能逃逸出来，因此被称为"可怕"的天体。不过，在宇宙之中还有一种叫作"白洞"的天体，它比黑洞还要可怕。

　　如果我们将房间比作整个宇宙的话，白洞就是房间中的自来水管，只出不进；而黑洞就是下水道，只进不出；宇宙中的星系就如同房间中漂浮的灰尘。

　　虽然白洞和黑洞一样，都是一种超高度致密物体，都有一个封闭的边界，但是它的性质与黑洞完全相反。白洞不会吸收外部物质，而是不断地向外喷射各种星际物质和宇宙能量，它属于宇宙中的一种喷射源。

　　由于白洞的性质与黑洞相反，所有的光都会被白洞排斥掉，呈现出来的是和黑洞一样的隐形，所以科学家把它作为黑洞的对应并称之为"白洞"。目前科学家已经拍摄了一张黑洞的照片，证实了黑洞的存在，但是关于白洞的存在依旧还需要进一步证实。

　　白洞的形成和形态，科学家只是提出了猜想。白洞具体长什么样子，又存在何处，科学家还不得而知。到现在为止，科学家对白洞的猜测大致可以分为两类。

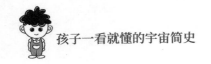

一种说法是白洞和黑洞同时产生、同时存在。持这种观点的科学家认为，在宇宙大爆炸时期，因为爆炸的不确定性，一些超高密度的物质没有被爆炸波及，从而产生膨胀和毁灭。这些残存的致密物质慢慢成为新的核心，也就是白洞。

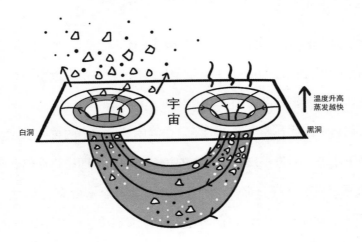

这些没有来得及爆炸的致密物质核心并不会停止膨胀，只是它们的爆炸时间被延迟了很长一段时间。有科学家认为，这段时间可能长达100亿年或者200亿年。因此，白洞又被科学家叫作"延迟核"。按照这种说法，我们的宇宙在100亿年或更早之前，可能是一个巨大的白洞。

除了延迟核观点之外，还有科学家认为，白洞可能是由黑洞直接转变过来的，它和黑洞可能存在于两个时空之中，白洞中的超高密度物质可能就是在引力坍塌时，黑洞形成之际获得的。

这种观点主要是由霍金提出来的。他认为，黑洞具有一定的温度并且一直在持续"蒸发"之中，随着黑洞的温度越来越高，它的"蒸发"速度越来越快。当黑洞"蒸发"到一定程度之后，它就会以一种反坍塌的方式爆发而告终，坍塌后的物质会经过时光隧道，通过白洞喷射出来。

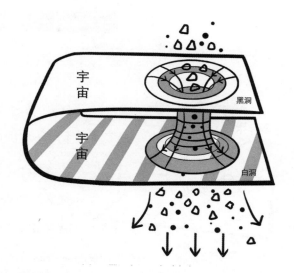

这种观点可以自然推导出我们的宇宙不止一个，在白洞的外面还存在着另外一个平行宇宙。只要我们被黑洞吸进去，穿过黑洞和白洞之间的时空隧道，就能到达白洞下的另一个宇宙，从而实现时空之旅。

听起来，这种观点似乎更符合人类对未来的幻想。很多科学家推测，白洞虽然有可能将我们送往另一个时空，但是白洞在喷射物质的时候，会很快把所有物质烧成微粒，然后再重新组合。所以我们即使穿越到另一个时空，也只能以尘埃或者灰尘的形式存在于另一个时空之中了，这也是为什么白洞比黑洞更可怕的原因。

事实上，白洞和黑洞到底谁更可怕还是一个未解之谜。因为直到现在，白洞只存在于人们的猜想和科学家的理论之中，人类还没有办法证明白洞的存在。

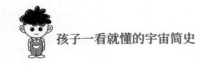

小豆丁懂得多

小豆丁想，为什么到目前人类还没有证实白洞的存在呢？科学家认为，这很有可能是以下三个原因造成的。

第一，黑洞的寿命还很长。按照白洞理论的第二种观点来看，白洞是黑洞寿命结束后坍塌形成的。如果黑洞的寿命很长的话，宇宙中很多恒星坍塌形成的黑洞就不能形成白洞，所以我们还看不到白洞。

第二，可能白洞是存在的，但是我们观测不到。这些年来，世界射电天文望远镜观测到一些距离遥远的快速射电，科学家认为，这些射电可能就是白洞留下的痕迹。只不过因为目前观测手段的局限性，我们还无法进一步证实。

第三，白洞非常微小。有的科学家猜测，白洞的质量和尺寸或许特别微小，人类很难在宇宙尺度内直接观测到白洞。

02 绚烂星空的奥秘

一闪一闪亮晶晶的星星们一直在移动，它们有的离我们越来越近，有的离我们越来越远……

宇宙中的星星们

星星是什么

我们所说的星星，一般指的是，宇宙中我们能够用肉眼观察到的天体，根据宇宙大爆炸理论，宇宙发生爆炸后，慢慢出现了一些气体，比如氢、氦等。这些气体就是宇宙最初的原始成分；之后随着引力的作用，这些气体开始大规模地聚集，然后发生原子的聚变，轻的原子聚变为重的原子，气态物质转变为液态以及固态物质。

经过长时间的演化，这些气体逐渐凝聚成大大小小的恒星、行星、卫星、矮行星、星云以及彗星、小行星等一些天体，这些各种各样的天体就是我们所说的星星。

一、恒星

最初，恒星只是由气体凝成的一团星云。后来，这团星云中的氢气慢慢开始升温，星云中的其他物质也开始变热、升温并发光。

然后，宇宙中的尘埃和气体不断地聚集，形成一个巨大的漩涡。经过漫长的时间，这团星云会成为一个巨大的盘状漩涡，漩涡的中心在重力的挤压下，最终会成为一个温度特别高、密度特别大的球体，这个球体就是我们所说的恒星。

宇宙之中存在着无数的恒星，我们熟知的太阳就是一颗恒星。除此之外，我们在晴朗夜空中看到的天狼星、北极星等都是恒星。

二、行星

行星是一种比恒星小很多的天体。行星是如何形成的，到现在还没有确切的说法。比较有影响力的说法是，行星是由恒星周围的物质尘埃聚集而成的。

这种说法认为，太阳系中的行星，在太阳形成之后，在其周围吸收了很多的尘埃，这些尘埃碰撞之后就粘到了一起，然后逐渐变成一种叫作星子的行星胚。行星胚之间会遵守"大鱼吃小鱼"的规则，大星子和小星子碰撞时，大星子会把小星子"吃掉"。最后，留下来的大星子就会成为行星，而小星子就会成为小行星。

三、矮行星

矮行星是一种比行星小，比小行星大的天体，它又被人们称为"侏儒行星"。太阳系内存在的矮行星是冥王星。冥王星最初被认为是一颗行星，但是后来发现，它并不是一颗行星而是一颗矮行星。

我们的地球就是一颗行星，除此之外太阳系中还有其他几个行星。

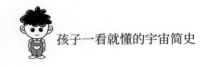

四、卫星

卫星是围绕行星旋转的天体，月球就是典型的卫星，它始终围绕着地球旋转。关于卫星的形成，天文学家普遍认为其和行星一样，都是由气体和尘埃凝聚形成的。行星是由恒星周围的气体和尘埃形成的，卫星是由行星周围的气体和尘埃形成的。

五、星云

星云是由宇宙中的气体和尘埃结合而成的云雾状天体，它内部十分稀疏，但是体积却十分庞大。星云跟恒星有很大的"血缘"关系，因为恒星是由星云演化而来的。比较有名的星云有猎户星云、麦哲伦星云、马头星云等。

六、小天体

除了恒星、行星、卫星等这些较大的天体之外，还存在着一些比较小的天体，比如小行星、彗星等。

小行星是由恒星周围聚集的小星子形成的，而彗星则是由氨、甲烷、细碎的石砾组成的。其中，著名的哈雷彗星大约每隔 76 年就会来太阳系一次，并且它的形状和亮度会在太阳系内不断变化。

这样看来，我们宇宙中的星星可真是不少。不过，我们能够看到的星星大部分都是恒星，因为恒星会自身发光，其他我们能看到的天体，比如月亮、金星等，它们都是通过反射恒星的光才散发光芒的，它们距离地球较近，所以我们在地球上也能看到。

小豆丁懂得多

很久以前，人们总是认为天上的星星离我们很近，仿佛只要一伸手就能摸到。但实际上，星星距离我们都十分遥远，远到我们都不能用平常的长度单位来形容它们。因此，为了丈量这些星星的距离，天文学家提出一个新的长度单位——光年。

光年就是光一年所走的距离。我们都知道，光速是目前所发现的自然界中的最快速度。根据天文学家的测定，一光年等于 94 607 亿千米。毫无疑问，这个距离对于我们来说是一个天文数字。

根据观测，除太阳外，距离地球最近的恒星，大约有 4.22 光年。可想而知，天空中的星星距离我们到底有多遥远。

天文数字

因为天文学上研究的距离、速度、质量等的数量都非常大，所以我们习惯用"天文数字"这个词来形容极大的数字。

星系团和超星系团

不要认为我们的银河系是一个孤独存在于宇宙中的星系，除了银河系之外，宇宙中还有很多其他的星系，比如，室女座星系、仙女座星系等，都是与我们银河系毗邻的星系。

宇宙之中大大小小的星系有无数多个，这些星系或 3 个、5 个聚集在一起，形成多重星系；或 10 个、100 个，甚至上万个结合在一起，形成一个更大的天体，这个天体就是我们今天要说的星系团。

星系团的成员除各种各样的星系之外，还弥漫着一些星际气体。天文学家曾经对星系团进行测试发现，星系团的质量比其中包含的所有星系加在一起的质量还要大，这多出的物质就是宇宙中的暗物质。因此，从严格意义上来讲，星系团是由数个星系、星际气体和暗物质，在引力的作用下聚集而成的天体系统。

目前，科学家发现的星系团至少有上万个。在这些大大小小的星系团中，我们的银河系只是本星系团中很普通的一个星系。

离银河系最近的一个星系团是室女座星系团，它距离地球大约数千万光年。室女座星系团的质量非常巨大，它包含着 2 500 多个星系，有些星系甚至和银河系一样大，因此又被称为室女座超星系团。

星际气体

星系团

暗物质

有多个星系组成的星系团

目前为止，科学家发现的超星系团有很多个。我们比较熟悉的本星系团、长蛇座星系团、半人马座星系团、室女座星系团等都属于超星系团。最大的超星系团是拉尼亚凯亚超星系团。

拉尼亚凯亚超星系团包含着 10 万个星系，它的范围已经达到了 5.2 亿光年，而它的质量相当于银河系的 10 万倍。如果把拉尼亚凯亚超星系团比作一张宇宙之

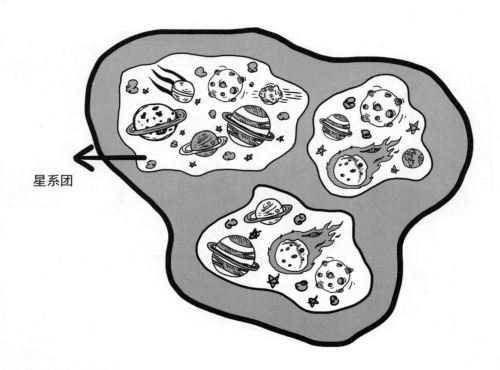

星系团

网，那么我们的银河系只是这张网上一条小小的流苏上的一个点。

天文学家还发现，在这些巨大的星系团之间，还存在着未被发现的"隐蔽连接"，并且这些连接处还存在着射电辐射。

宇宙网上的地球

小豆丁懂得多

一天，小豆丁读了一本关于星座的书，他发现，很多星座都有一个美丽的传说。比如，室女座的传说是这样的：

传说管理谷物的农业之神，有一个非常美

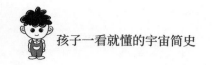

丽的女儿叫泊瑟芬，她是春天的灿烂女神，她轻轻踏过的地方，都会开满美丽的花朵。

一天，泊瑟芬在山谷的一片草地上与同伴玩耍。她看到草地上有一朵银色的水仙花，散发着甜美诱人的味道，就忍不住想要把它摘下来。就在她将要触碰这朵花时，大地突然裂开了一个洞，泊瑟芬掉进了洞里。原来，这都是阴间之王海地士的诡计，他想要得到美丽的泊瑟芬。

农业之神知道这件事后，请求宙斯救出自己的女儿。于是，宙斯命令海地士放了泊瑟芬。海地士内心不甘，释放之前迫使泊瑟芬吃了一颗受到诅咒的果子，让泊瑟芬无法在人间生活。宙斯没有办法，只好与海地士约定，每年冬天泊瑟芬会与海地士一起度过，海地士这才把泊瑟芬放回人间。

于是人们就把泊瑟芬称为室女座，又叫作处女座。室女座象征着美丽与纯洁，而农业之神养育的麦穗，也成为室女座的手持之物。

离我们越来越远的星星

你知道吗？太空中那些看起来静止的星系，正在不断地远离我们。比如室女座星系团，正在以大约每秒 1 210 千米的速度远离我们。这些星系远离地球的现象叫作星系红移现象。这个现象是如何被发现的呢？

日常生活中，我们都有这样的经验：当我们在火车站台上等车时，火车离我们越近，汽笛的声调就会越来越高；而火车离我们越来越远时，汽笛的声调就会越来越低。

著名的奥地利物理学家多普勒通过研究发现，之所以出现上述现象是因为声源（火车）在不断运动，当声源接近我们时，声源的波长就会减小，音调就会变高；反之，当声源远离我们时，声波的波长就会增大，音调就会变得低沉。这就是著名的多普勒效应。

多普勒效应不仅适用于声波

红移与蓝移

红移和蓝移都是通过观测波源而进行的对物理性质判断，简单来说就是，天体光谱向长波（红）端的位移叫作红移，向短波（蓝）端的位移叫作蓝移，红移就是远离观测者，蓝移就是接近观测者。

也适用于光波。当一个高速运动的物体远离我们时，其波长也会增加，就会产生红移现象。

1929 年，美国的天文学家哈勃发现，在整个宇宙之中，几乎所有的星系都有红移现象，这说明大部分的星系都在慢慢远离地球。

哈勃还发现，这些星系远离地球的速度与它们离地球的距离成正比。也就是说，离地球越远的星系逃离地球的速度越快。哈勃的这一发现被称为哈勃定律，天文学家根据这个定律，通过观测星系的红移量，还可以计算出星系的逃离速度和距离。

星系红移的原因一直是天文界很大的难题，天文学家也提出很多的假设。根据哈勃的理论，天文学家认为，最为合理的假设就是宇宙的不断膨胀，导致星星们越来越远。

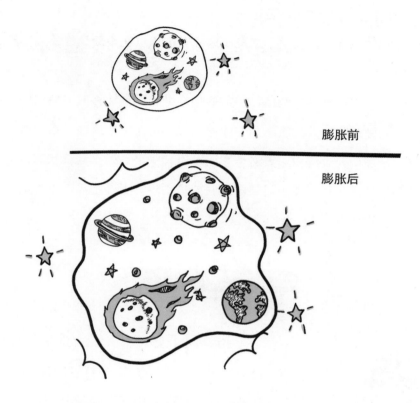

膨胀前

膨胀后

最初提出宇宙不断膨胀理论的，是比利时天文学家勒梅特，后来随着科学的进步，天文学家在宇宙膨胀理论的基础上，又提出了星系随着宇宙膨胀不断红移的观点。天文学家认为，宇宙在发生大爆炸后，一直在高速冲向虚幻的空间。

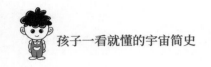

20世纪60年代，天文学家在茫茫星海中发现了一种奇特天体，这种天体既像恒星，又像行星，既像星系又不是星系，因此天文学家把这种天体称为类星体。在研究星系红移的过程中，天文学家发现这种类星体也在不断地红移，逐渐远离地球。

这一发现让天文学家更加坚信，宇宙膨胀是引起星系红移的主要原因。当宇宙膨胀时，光的波长就会随着膨胀的空间而拉长，从而导致这些星系和类星体越来越远。不过，在研究过程中，天文学家还发现有些星系处于蓝移状态，即它们正在不断地靠近地球。这一发现对宇宙膨胀理论来说，无疑是一个不小的冲击。而关于这些星系的奥秘，目前也是一个无法解开的谜团。

小豆丁懂得多

宇宙对于我们来说，一直都是深不可测的。小豆丁也像很多科学家一样，经常思考一个问题：我们看到的宇宙是否真实？

我们知道，光是有速度的，所以我们所看到的星体是无法与其本身同步的，例如，我们所看到的太阳其实只是八分钟前的太阳。因此，天文学家发现的星系红移现象，也是在过去的时光里光谱发生的红移。

　　或许天文学家观察到的、正在膨胀的宇宙很有可能是宇宙之前的样子，由于光速的限制，我们可能永远无法看到宇宙现阶段真实的样子。就好像距离地球数百万光年的一颗星球爆炸后，可能数百万年后我们才能接收到这颗星球爆炸的信号。

离我们越来越近的仙女座星系

上一节我们提到了那些离我们越来越远的星系，大多数的天文学家认为，这些星系的红移都是由于宇宙膨胀引起的。不过，天文学家还发现，有些星系不仅没有远离我们，还离我们越来越近。

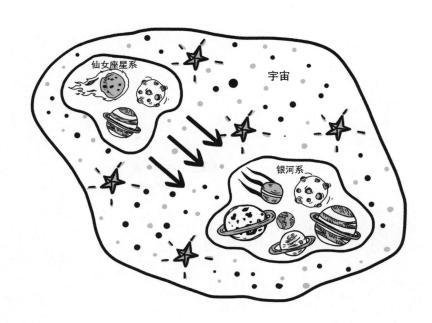

　　仙女座星系就是离我们越来越近的星系之一，这个星系是目前我们肉眼能看到的唯一一个河外星系。据报道，科学家通过哈勃望远镜观察到，距离我们有250万光年的仙女座星系，正在以每秒钟110千米的速度向银河系驶来。按照这个速度，40亿年后，仙女座星系可能就会和银河系迎头相撞，并在随后的时间里，慢慢与银河系合二为一。

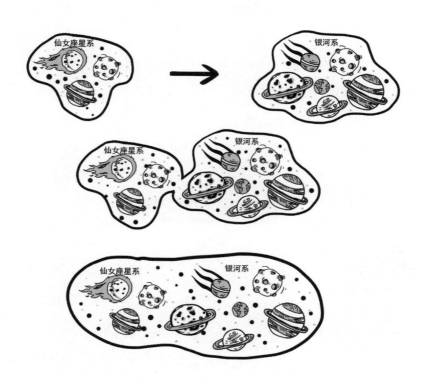

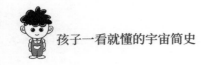

仙女座星系不断向我们靠近这一现象，无疑为天文学家出了一个难题。按照宇宙膨胀理论来说，星系应该是相互远离才对，为什么仙女座星系反而在向我们靠近呢？

其实，星系的相互靠近与宇宙膨胀理论是没有直接的关系的。科学家发现，不仅仙女座星系正在快速地靠近我们，宇宙中的许多星系都会互相靠近。这些星系由于互相之间的影响，不仅距离越来越近，甚至还会融合在一起，由两个或多个小星系变成一个大星系。

在遥远的未来，银河系、仙女座星系以及本星系群中的所有星系可能会融合在一起，成为一个密不可分的巨无霸。而室女座星系中的其他星系，也会在经历过多次融合后，逐渐变得更加团结。不过，一些无法克服宇宙加速膨胀的星系，最终可能会被"退学"，然后消失在茫茫的宇宙之中。

小豆丁懂得多

仙女座星系是距离银河系最近的星系，我们这位"美丽的邻居"是一个典型的漩涡星系。从外形上看，仙女座星系与银河系十分相似，但是它比银河系要大很多。据科学家测算，仙女座星系的质量相当于 7 万亿个太阳质量，与整个银河系相比也不落下风。

虽然仙女座星系是距离我们最近的星系，但是似乎这位"仙女"十分害羞，不想让人们看到它的容颜，总是侧着身子面向我们。

麦哲伦星云

麦哲伦星云是银河系的卫星星系，它就像月亮围绕地球旋转一样，一直围绕着银河系运行。麦哲伦星云中包括大麦哲伦星系和小麦哲伦星系，在南半球的夜空中，大、小麦哲伦星系是璀璨星空中非常壮观的景象之一，受到了众多天文学家的青睐。

在银河系所有的卫星星系之中，大、小麦哲伦星系是距离银河系非常近的。小麦哲伦星系距离地球大约 20 万光年，大麦哲伦星系距离地球大约 16 万光年。从地球上看，它们是我们用肉眼能够看见的天体之一。

麦哲伦星云能够在银河系声名远扬，还有很多其他的原因。比如，大麦哲星系是银河系众多卫星星系中质量最大的卫星星系，它的平均直径高达 15 000 光年，其质量相当于 100 亿颗太阳。

天文学家推测，如果在大麦哲星系上面能找到一颗合适的行星，在这颗行星之上，我们就可以看到银河系的全貌。而且，从大麦哲伦星系的角度看银河系，比在地球夜空中看到的最亮的天狼星还要亮。

大麦哲伦星系引人注目的地方还不止于此，曾经有天文学家推测，大麦哲伦星系可能会威胁到我们的银河系。这又是怎么一回事呢？

根据科学家的描述，在未来，银河系可能会和其他星系发生一次毁天灭地的大碰撞。到那时，银河系中的恒星就会相互撞击，行星则会被撞碎并燃烧。我们的地球以及太阳系都会面目全非。

这次大碰撞最大的祸首很可能就是银河系的卫星星系——大麦哲伦星系。

为此，科学家还进行了一场模拟实验，模拟大麦哲伦星系撞击银河系会带来怎样毁灭性的灾难。撞击时，银河系中心的黑洞将会被激活，迅速膨胀成现在的10倍。被扩大的黑洞将会给地球带来毁灭性的灾难。

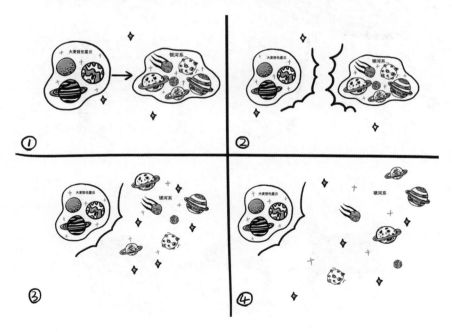

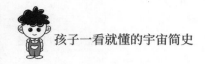

不管怎么说，这些关于星系互相撞击的担忧还为时过早。毕竟至少要到 20 亿年后，大麦哲伦星系才有可能会与银河系相撞。而 20 亿年后的人类，或许已经掌握了非常高端的科学技术。那时，人类或许可以借助各种航天器去银河系之外，静静"观赏"这场震撼的"灾难"。

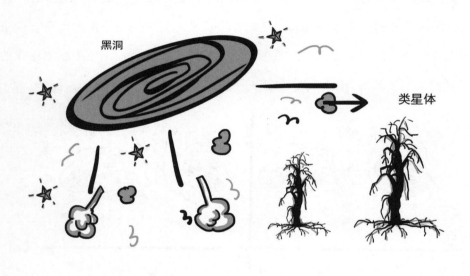

小豆丁懂得多

一天，爸爸笑眯眯地问小豆丁："儿子，你知道'麦哲伦星系'的名字是怎么来的吗？"

小豆丁笑道："这个又难不住我，听我给你讲啊。"

大、小麦哲伦星系是以葡萄牙一位著名的航海家麦哲伦的名字命名的。1519年，这位著名的航海家在国王的支持下，决定率领一支船队进行一次地球环行。他带领这支船队从西班牙的港口出发，然后沿着巴西海岸南下。

在行船路上，麦哲伦发现，每天晚上夜空中都会出现两个面积很大，非常明亮的天体。麦哲伦觉得这两个天体非同一般，便把它们记录在自己的航海日记中，希望有朝一日能够揭开这两个神秘天体的秘密。

然而，天不遂人愿，这支船队航行到菲律宾时，麦哲伦被一个小岛上的当地居民杀害了。他忠心的部下悲痛不已，历经千难万险，终于在1522年替麦哲伦完成了环游地球的心愿。

后来，人们为了纪念麦哲伦，用他的名字命名了南半球这两个最醒目的天体。

"四不像"星体

20 世纪 60 年代，天文学家无意之中发现了一种奇特天体。这种天体看起来像恒星，但又不是恒星；看起来像星团，但是它又没有星团的性质；它的光谱和行星状星云类似，但是它也不是星云；它的辐射信号很像星系，但是却也不是星系。后来，天文学家将这种"四不像"天体命名为"类星体"。

类星体又叫似星体、类星射电源等，高红移的类星体都在距离地球 100 亿光年以外的地方，是目前我们能观测到的非常遥远的天体。

天文学家在研究这些类星体时发现，它们有很多不为人知的奇特之处。

根据美国天文学家爱德文·哈勃的观测，宇宙中有很多天体都在远离我们，并且距离我们越远的天体，它们逃离地球的速度越快，而类星体这样遥远的天体，它们的逃离速度更是快到我们无法想象。

科学家通过观测发现，有的类星体逃离地球的速度可以达到光速的六分之一，这样的发现，让科学家对类星体产生了极大的好奇心。

人们最初发现类星体时，认为它只是一个点状的电磁辐射源，因此人们把类星体叫作类星体射电源。可是，随着天文学家进一步研究发现，并不是所有的类星体都是单纯的点状电磁辐射源，它们本身蕴含着巨大的能量。

最令人惊讶的是，类星体释放出来的能量非常大。其中，有一些特殊的类星体，它们释放的能量高达某些星系的 1 000 倍以上。

类星体为什么具有这么大的能量呢？有些天文学家认为，类星体核心有一个超大质量的黑洞，这个黑洞不断吸收并吞噬周围的物质，同时以辐射的形式来释放巨大的能量。

通常来说，类星体的出现意味着它所在的星系已经消亡。因为类星体在形成过程中，会释放出大量的物质喷流，这些物质喷流会吹散星系中的物质，从而导致这些星际物质无法凝聚成恒星。

科学家根据最新的研究发现，宇宙之中大约有 10% 的星系可以在类星体出现之后存活。这些星系原本的物质虽然已经被类星体吹散，但是它们还可以依靠低温气体，为未来的恒星提供"养料"。这些低温气体也属于类星体，它们被人们称为低温类星体。

小豆丁懂得多

爸爸看到小豆丁对类星体非常感兴趣，便对小豆丁讲了更多的类星体趣闻。

爸爸告诉豆丁："天文学家曾经观测到一对双胞胎类星体，它们分别是

QSO 0957+561A 和 QSO 0957+561B。科学家发现，这对双胞胎类星体不但距离非常近，星等值也相同，甚至光谱也完全相同。后来，经过研究，科学家了解到，其实这对双胞胎类星体是同一个天体，只是它们的光线被另外一个暗星系改变了方向，因此看起来它们就好像是一对双胞胎类星体。"

听到这里，小豆丁觉得有点惋惜。豆爸看着小豆丁，继续说道："2007 年，科学家还发现了类星体三胞胎。这对三胞胎类星体距离地球大约 105 亿光年，位于室女座星系之中，他们之间的距离只有 10 万到 15 万光年，并且其中一颗类星体在 1989 年时就已经被发现了。当时，科学家只注意到该类星体附近存在着明亮的天体，并不知道这些明亮的天体就是这颗类星体的同胞'兄弟'。"

小豆丁心想，原来类星体和人类一样，也会有同胞"兄弟姐妹"呀！

星星组成的星座

怎样观察星座

星座一词来源于拉丁语，是星星组合的意思。要知道，在地球上观察整个天空，一共有 88 个星座，要想在黑夜中找到它们并非一件易事。但只要掌握观看它们的方法，无论是在温暖的南方还是在寒冷的北方，我们都能找到星座。

观察星座最简单的方法就是依靠星座图。星座图相当于星星们的地图，但是星座图不同于地图，它有时间坐标，在不同的时间会有不同的星空。如果我们有足够的耐心，基本上可以把所有的星座都看一遍。

使用星座图时，首先需要按照时间寻找星座，比如，当前时刻是 8 月 5 日 21 时，要在星座上找到想用时间的对应图像。除此之外，使用星座图还需要注意方向。星座图中的方向并不是按照平常地图的方向排列的，它上面的东西方向是相反的。

在我国，最佳的观星时间为农历初一前后，这时的月亮很暗，便于观察星星。

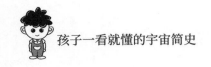

观星时需要备好星座图、指南针，最好带上望远镜。观星的最佳地点则是郊外地势较高的地方，比如小山上。

由于大多数的人生活在北半球，所以我们看到的星座大部分都像是朝着南方的位置。地球上最大的幸运儿就是生活在赤道附近的人了，他们几乎可以看到整个天空，还可以同时使用北半球和南半球的星座图。

北半球常见的星座有很多，比如1月份到3月份可以看到猎户座、金牛座、双子座；4月份到6月份可以看到大熊座、小熊座、狮子座、巨蟹座；7月份到9月份可以看到狐狸座、武仙座；10月份到12月份可以看到仙后座、仙女座、白羊座、双鱼座等。

在我国，最好找的星座便是猎户座。猎户座的范围很大，明亮的星星也很多。整个猎户座是由7颗亮星组成的上宽下窄的2个梯形。猎户座的下梯形中间还有着很漂亮的五彩猎户座星云。

在南半球，不同的月份我们能够观测到的星座也有很多。比如1

> **星 座**
>
> 古人仰望星空时，会把星星想象成天上的神仙、动物或某种物体，我们现在的星座名称大都与神话相吻合。猎户座、射手座这些西方的星座名称在神话中占据一席之地，而中国的星座角木蛟、斗木獬、太白星等名称则是和中国神话故事相互印证。

月份到 3 月份的大犬座、网罟座等；4 月份到 6 月份的南十字座、长蛇座、半人马座、船底座等；7 月份到 9 月份的摩羯座、天秤座、天蝎座等；10 月份到 12 月份的南极座、杜鹃座、波江座等。

南十字座就像北方的北斗七星一样，很容易在天空中被辨认出来。南十字座其实是从半人马座中"拿"出来的 4 颗星星，组建成了一个十字架。在一些传说故事中，人们还经常把它描绘成两只坐在橡胶树上的美冠鹦鹉。正因为南十字座的美丽壮观给人印象深刻，所以它在整个南半球星空中的地位十分高。

小豆丁懂得多

小豆丁在看书时，发现很多有关星座的有趣的事情。

在三四千年前，古巴比伦人就把天空中比较亮的星星组成了星座。根据考证，他们创立了 48 个星座，后来希腊的天文学家用动物名字和希腊神话中的人物名字命名了这些星座。

当时古人划分星座的方法并不科学，甚至有些星座的名字并没有什么特殊的理由和规律，却一直沿用到了现在。

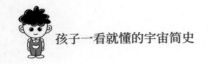
1928 年，国际天文学联合会根据天球上的赤经圈和赤纬圈重新科学划分了星座，共划分成了 88 个星座。这 88 个星座中大约有一半星座的名字都是以动物名字命名的，比如大熊座、天蝎座、狐狸座等；剩下的星座中有 22 个是以希腊神话中的人物名字命名的，还有一些是以物品的名字命名的，比如圆规座、显微镜座等。

黄道上的第十三个星座

我们每个人都知道十二星座，但其实黄道上还有第十三个星座——蛇夫座。蛇夫座在历史上早就有所记载，1930 年国际天文联会已经官方认证了这个黄道上的第十三个星座。

人们熟知的十二星座，位于太阳在赤道上空必经的路线之上，因此它们被称为黄道十二宫。不过，这种看法已经是两千多年的事情了。几乎每隔两千多年，太阳到达某一宫的时间便会推迟一个月左右。现在经历了这么多年，黄道在天空上的位置已经出现了变动，并且现在跨过的不仅仅是十二个星座，还有第十三个星座蛇夫座。

蛇夫座经过黄道，并且横跨着天赤道，还有一部分在银河之中，这在所有的星座中是绝无仅有的一个了。它特别宽，形状像一个长方形，从星座图上来看，蛇夫座就像一口扣着的大钟。

按理，同时横跨天球赤道、银道和黄道的蛇夫座，应该在星座上具有至高无上的地位，可是为什么现如今蛇夫座却寂寂无闻呢？

其实，这和西方一些国家人们的信仰有着很大的联系。很早以前，西方人认

为 13 这个数字很不吉利，会给人们带来灾难。他们发现蛇夫座时，刚好是第 13 个，于是就把它当成了不吉的星座。

时至今日，蛇夫座虽然还不能与其他的十二星座"位列同班"，但是也算是一个为人知晓的星座了。

蛇夫座引人注目的地方是它旁边的一颗肉眼看不到的星星。这颗星星在蛇夫座的东边，叫作巴纳德星。巴纳德星的质量很小，我们用肉眼根本无法观测到，但是它却很有名，这是因为：

首先，巴纳德星离我们非常近，和太阳系只有 5.95 光年的距离，是离太阳系第二近的一颗恒星。有趣的是，现在的巴纳德星还在不停地向太阳系靠近，或许不久的将来，它就会成为离我们太阳系最近的恒星了。

其次，巴纳德星移动的角度很大。一般的恒星一年都移动不了 1 角秒，但是巴纳德星一年却可以移动 10.3 角秒，在已知的恒星之中，巴纳德星算是移动最快的恒星。

最后，也是巴纳德星最吸引人的地方，即这颗恒星有可能和太阳一样，周围有其他的行星围绕着它旋转。巴纳德星被发现后，很多天文学家通过观测猜想，在巴纳德星周围可能拥有一颗或者数颗比木星更大的行星。

因为巴纳德星拥有这么多的奇特之处，让备受冷落的蛇夫座也变得越来越出名了。宇宙之中的奥妙真的是无穷无尽，我们对未来的探索也必将是具有无穷的价值的。

小豆丁懂得多

小豆丁在看完书后，对黄道这个词很好奇，什么是黄道呀？它与十二星座又有什么关系？

黄道指的是从地球上看，太阳在天空中移动一圈形成的路线。太阳每天都在移动，每天所处的位置都不同。

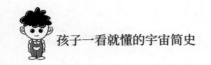

在太阳移动的轨道上有很多的星座，善于占卜的人信奉，太阳和这些星座相遇可以影响地球上的人。有时这些影响是坏的，有时这些影响是好的，我们常说的黄道吉日就是如此得来的。

黄道吉日一般指能够充分把握天时、地利、人和以及由此之间的和谐关系所产生的适宜机遇，也就是人们常说的吉祥如意的好日子。

03 璀璨恒星的秘密

从一颗小恒星到红巨星，再到中子星，星星们像人类一样，一直在不断生长……

恒星的生命周期

恒星的一生

夜晚，天空中璀璨的星星就像一盏盏小灯。这些挂满天空，点亮了整个夜空的小灯大多是恒星。太阳就是一颗恒星，除此之外，我们熟悉的天狼星、北极星等都是恒星。

恒星形成于星云，星云主要是大量的气体和太空中漂浮的尘埃组成的巨大云团。它的寿命很长，可以存活数百万年，甚至数十亿年之久。恒星的生命周期和人类一样，都会经历童年、青年、老年几个阶段。

童年时期的恒星有一个质量和密度都很大的内核，内核里充满了氢元素。随着时间的不断流逝，恒星体内的氢元素慢慢被消耗，它的体积不断增加，同时开始熔合氦元素。

到了青年阶段，恒星会逐渐膨胀变热，不断地消耗自己体内的氦元素。直到

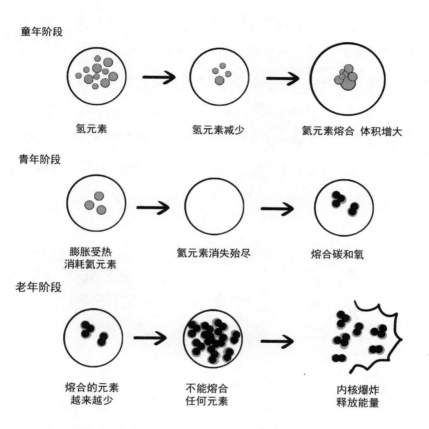

童年阶段

氢元素　　　　　　氢元素减少　　　　氦元素熔合 体积增大

青年阶段

膨胀受热　　　　　氦元素消失殆尽　　　熔合碳和氧
消耗氦元素

老年阶段

熔合的元素　　　　不能熔合　　　　　内核爆炸
越来越少　　　　　任何元素　　　　　释放能量

体内的氢元素消失殆尽，恒星就会开始熔合碳和氧。这时，那些一"出生"质量较大的恒星就会变成蓝色的红超巨星，而"出生"时质量较小的恒星则会变成红色的红巨星。

无论是巨大的红超巨星，还是红巨星，经历过青年阶段后，它们都会继续成长。

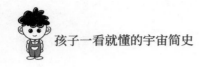

红超巨星慢慢"长大"后，体内的内核能熔合的元素会越来越少。当红超巨星再也不能熔合任何元素时，它的内核就会爆炸，释放出巨大的能量，这个阶段就是红超巨星的壮年阶段。

爆炸后的红超巨星有可能变成中子星，或是变成黑洞，其最终的形态取决于恒星最初的质量。例如，如果恒星的初始质量在 8 个到 20 个太阳质量之间，它可能会形成一颗中子星；如果它的初始质量超过了 20 个太阳的质量，那它可能会变成黑洞。

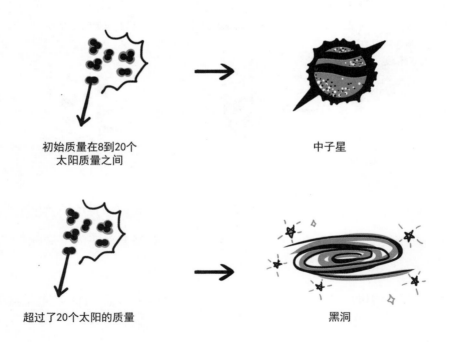

初始质量在8到20个
太阳质量之间

中子星

超过了20个太阳的质量

黑洞

恒星变成红巨星后，也会随着时间不断膨胀变热，当它消耗完体内的燃料以后，它的内核就会浓缩，外层则会分离，膨胀的气体外壳释放出气体，进而变成行星星云，行星星云就相当于壮年时期的红巨星。

红巨星成为行星星云以后，就会逐渐老化，周围的气体虽然还会存在，但是看上去已经十分黯淡。大部分的恒星在生命终结的时候，都会变成年迈的白矮星。白矮星虽然经常被气体和尘埃遮蔽变得十分朦胧，但是依旧可以在一定时间内照亮星系。

太阳的寿命

据科学家推测，太阳作为一颗为地球提供能源的恒星，其寿命大概在 100 亿年，但太阳作为一个天体的寿命却不止这么长时间，所以关于太阳寿命的说法才有 100 亿年、几百亿年等不同的说法。

等到白矮星的温度冷却到几百摄氏度时，就变成了黑矮星。大部分的黑矮星会逐渐消失在天际。不过，有一种情况就是，处于白矮星状态的恒星意外捕捉到了其他大质量的恒星，然后源源不断地吸取恒星的外层物质，最终爆炸成为一颗超新星。

我们的太阳作为一颗典型的恒星，目前正处于童年时期（指的是其发展阶段）。根据天文学家的研究，像太阳这样质量的恒星，童年阶段的时间会持续 110 亿年。

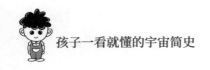
童年时期的太阳，表面主要进行着由氢元素到氦元素的转变，内部的温度也在随之逐渐升高。目前，太阳表面温度大约为 5 500 摄氏度。

天文学家预计，在 55 亿年后，太阳会进入青年时期，成为巨大的红巨星。到那时，太阳内部的温度就会达到 1 亿摄氏度，而它内部熔合而成的氦元素，就会慢慢变成氧元素和碳元素，它的体积也会增加很多倍，甚至到了一定程度后，太阳还有可能将地球吞噬掉。

小豆丁懂得多

小豆丁想，恒星是不是永远都不会移动呢？

很久以前，人们认为恒星在星空中的位置是固定不变的，所以人们才把它叫作恒星，并把恒星当作永恒不变的象征。而事实上，恒星也会在自己的轨道上运转，并且，恒星也会自转。天文学家经过观察发现，恒星的自转速度跟其年龄有很大的关系。一般来说，年轻的恒星自转速度快，而衰老的恒星自转速度则十分缓慢。

什么是红巨星

　　所有的恒星经过童年阶段，会逐渐走向青年阶段。青年阶段是恒星一个较短且很不稳定的阶段。这时的恒星表面温度相对较低，但是它们看起来却非常明亮。

　　此阶段的恒星之所以被称为红巨星，是因为它们在迅速膨胀时，其边缘离核心会越来越远，这时它的温度会逐渐降低，发出来的光也越来越偏红。虽然红巨星阶段的恒星温度降低了，但是红巨星的体积变得越来越大，它们的光度也变得很大。

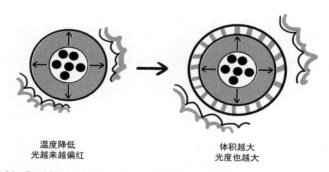

温度降低
光越来越偏红

体积越大
光度也越大

　　我们肉眼能够看到的众多很明亮的星星中，有很多就是红巨星。比如我们熟知的金牛座和牧夫座中的两颗星星就属于红巨星，还有猎户座中一颗初始质量比

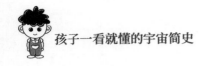

太阳要大很多的星星，也是红超巨星。

　　近年，澳大利亚的科学家发现了一颗名叫 TUMI 的红巨星，它位于小熊座，距地球大约 3 000 光年的地方。根据研究发现，这颗红巨星的年龄大约为 12 亿岁，相当于太阳年龄的十分之一，但它的质量却比太阳要大两倍，并且它的燃烧速度非常快。科学家预言，这颗红巨星即将进入生命的下一个阶段。

　　科学家通过观测发现，在过去的 30 年内，这颗恒星的体积、亮度和温度都在不断地下降。也就是说在过去的几百年内，这颗恒星一直在经历着"非常痛苦"的"死亡"过程，它已经消耗完体内的氢元素，只剩下碳元素和氧元素。它壳层的氦元素，也会随着它的生长逐渐燃烧成碳。因此，它又被人们称为"死亡之痛"红巨星。

现在，这颗恒星在宇宙中发光的时间已经所剩无几。随着这颗恒星不断缩小、变暗和冷却，其上演的"灯光秀"终将会在宇宙中落幕。或许，几十万年后，这颗恒星就会变成一颗白矮星。

我们的太阳作为恒星家族中的一员，在 50 亿年后可能也会走到生命的尽头。有科学家预测，太阳在变成红巨星之后，会快速地膨胀，然后吞噬掉它周围的行星。

目前我们观测到的太阳直径约为 140 万千米。如果太阳变成红巨星，它的直径就会扩大到大约 3 亿千米，那时的太阳可能就会膨胀到地球的轨道上。金星、水星、地球这些太阳周围的行星，有可能都会变成太阳的"美味佳肴"。

即使太阳最后没有把地球"吃"掉，地球也会变成一个大热球。

科学家猜测，或许那时人类可以居住在土星的卫星上。土星的第六颗卫星泰坦星目前的温度为零下 18 摄氏度，如果太阳变成红巨星，可能会将它的温度变成人类适宜居住的温度。

> **土星的卫星**
>
> 土星是太阳系拥有很多卫星的行星，据 2020 年发布的数据显示，目前观测到的土星的卫星就有 82 颗。其中，土卫六泰坦星是一颗平均半径达到了 2 575 千米的大卫星，比地球的卫星月球还要大很多。

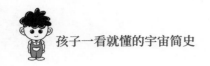

小豆丁懂得多

　　小豆丁最近看了很多有关红巨星的知识。这天，他在一本书中看到：宇宙之中的白矮星和红巨星其实是一对"死冤家"。它们经常在宇宙中"打架"，而且时常伤及其他无辜的星星。

　　在距离地球 25 000 光年之外的地方，科学家就曾经发现过一个由一颗红巨星和一颗白矮星组成的双星系统。根据科学家的观察，这两颗星星运转的轨道非常接近，并且红巨星里的大量物质正在被白矮星的强大引力吸走。最终，在白矮星的运转之下，这些物质可能会发生爆炸。

　　看完后，小豆丁心想，原来红巨星还有这么多神奇的奥秘呢！

年迈的白矮星

　　宇宙之中，存在着一种看起来黯淡无光，但实际上不断散发白光的恒星，这种恒星被人们称为白矮星。白矮星是红巨星"年华老去"后的模样，它的体积往往比地球还要小，但质量却很高。

　　白矮星这些奇特的性质表明，它并不是一颗简单的恒星。目前人们已经观测到的白矮星有一千多颗，天文学家一一分析这些白矮星之后，逐渐了解到了白矮星的"前世今生"。

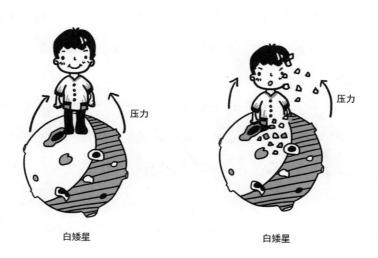

白矮星　　　　　　　　　　　　白矮星

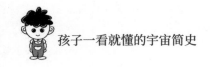

大部分的恒星发展到一定阶段都会变成白矮星。白矮星的个头只有行星那么大，发出的光也特别暗淡，但是它表面的温度却很高，核心物质很密集，这使得它拥有极强的引力。如果一个人站在白矮星的表面，那么他的身体就会被白矮星内部巨大的引力吸得粉碎。

2014 年 4 月，天文学家发现了一颗已经 110 亿岁的白矮星，它位于水瓶座附近，距离地球大约 900 光年。这颗白矮星的温度非常低，它内部的碳元素已经结晶化，也就是说，这颗白矮星已经成了一颗"钻石星球"。

这颗"钻石星球"虽然听起来价值连城，但它的能量并不是人类能够承受住的，最适合这颗白矮星生存的地方只有浩瀚的宇宙。

在众多的白矮星之中，人类还发现了一个非常有名的双星系统。它位于行星状星云 Henize2—428 的中心，由两个致密的白矮星组成。天文学家认为，这个双星系统内的白矮星将会由于引力靠得越来越近，并最终在未来 7 亿年内合并成一颗新的恒星。这是迄今为止，天文学家发现的质量最大的白矮星双星。这两颗白矮星合并为一体时，有可能会发生一场大爆炸，进而形成一颗新型的超新星。

一颗恒星成为白矮星，意味着它已经走到了生命的尽头。大部分的白矮星经过长时间后，都会变成黑矮星，最终消失在宇宙之中。但是，有一种特殊情况可以让白矮星"起死回生"。

如果白矮星的附近有一颗大质量天体，那么白矮星就可以依靠自身强大的吸

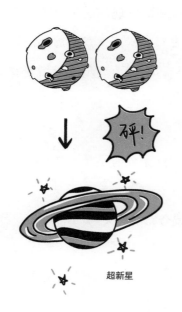

超新星

引力，将大质量天体上的物质吸引到自己身上。这时重新获得氢元素和氦元素的白矮星，就可以继续消耗能量并保持自身的状态。比如，白矮星吸取红巨星能量的情况，就是白矮星"自救"的过程。

"起死回生"后的白矮星并不能就此一劳永逸，它在吸取其他天体的能量时，质量会逐渐变大。一旦白矮星的质量超过钱德拉极限，也就是太阳质量的 1.44 倍，它就会发生猛烈的爆炸，这就是我们经常听到的超新星形成。

小豆丁懂得多

2015 年，天文学家在距离地球大约 14 800 光年的地方，发现了一颗神秘的白矮星。这颗白矮星潜伏在杜鹃座 47 球状星团中的一个黑洞周围。天文学家通过观测发现，这颗白矮星几乎每隔 28 分钟就会环绕黑洞运行一周，1 个小时大约围绕黑洞旋转两周，这是迄今为止人类观测到的最紧密的"太空轨道舞会"。

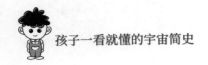

科学家通过观测发现，这颗白矮星存在大量的氧，距离黑洞非常近。众所周知，黑洞能够吸引一切物质，这颗白矮星之所以没有落入黑洞的"虎口"，是因为它已经脱离了黑洞周围的物质盘。

虽然这颗白矮星没有被黑洞撕碎，但是它的命运还是一个未知数。有些天文学家认为，这颗白矮星的质量如果一直损耗下去，不久后它就会完全消失掉。

一勺中子星有多重

如果一颗恒星的质量比太阳的质量还要大，那么，它在爆发后继续不断地坍塌，最后，可能会产生巨大的压力，恒星的外壳和中心的内核将会被压碎，然后内部的物质慢慢组成中子，这些中子聚集在一起便形成中子星。

中子星是很小的星体，它的平均直径只有 1 000 千米。一颗质量和太阳差不多的中子星，大概和珠穆朗玛峰一样大。别看中子星在宇宙中是一个不起眼的"小矮子"，但它的密度却非常惊人。据研究推算，一汤匙的中子星的质量大约重 100 亿吨。

100亿吨的一勺中子星

如此惊人的质量，使得中子星具有极其强大的引力，这种引力的存在使得中子星上的一切物质都会受到强大的作用力。

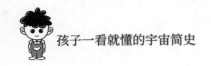
中子星还具有非常强大的磁场。地球上最强的磁场只有 0.7 高斯，太阳黑子的磁场为 1 000 到 4 000 高斯，而大多数中子星表面的磁场强度高达 10 000 亿高斯。

中子星在宇宙中，可以不断地向空间释放脉冲射电信号。这些信号一旦传到地球上，就可能被我们接收到。磁场比较大的中子星会发出一种非常有周期性的电波，人们把这种中子星叫作"脉冲星"。

小豆丁懂得多

课间，小豆丁向老师求教关于中子星的知识。老师告诉小豆丁："1967 年，英国的天文学家休伊什和他的学生贝尔在进行研究时，收到来自蟹状星云的一种信号。这种信号仿佛人的脉搏一样，每隔 1 秒或 2 秒就会发射一次，非常有规律，当时天文学家以为这是外星人向地球人呼叫。"

小豆丁迫不及待地问道："后来呢？"

老师笑了笑，继续说："后来，经过休伊什和贝尔的研究，他们发现，原来在蟹状星云的中心有一颗脉冲星，这些有规律的射电信号就来自这颗脉冲星，休伊什和贝尔正是凭借着发现这颗脉冲星，获得了诺贝尔物理学奖。直到后来，这颗脉冲星才被证实是中子星。"

正在爆发的超新星

热爱天文学的小朋友可能了解过这种景象：在遥望夜空，会突然从某处看到一颗突然变亮的星星，然后过了几天或者几个月后这颗星星又在天空中消失得无影无踪。在古代，人们一直把这种奇特的现象看作是新星的诞生，所以人们把这些星星叫作新星或者超新星。但事实却恰恰相反，这些并不是新星，而是即将死亡的恒星。

超新星是一种质量相当于数倍到数十倍太阳的恒星生命的最后阶段。巨大的恒星生命"垂危之际"，会发生一次超规模的大爆炸。爆炸过后，它们的内核和外壳就会彻底分离。这次超级大爆炸就是我们常说的超新星爆发。

超新星爆发时，它会以 10 000 千米 / 秒的速度向外抛射大量的物质，同时释放出巨大的能量。因为超新星的光度可以突然增大到太阳光度的很多倍，这就是为什么我们会在天空中看到一颗突然变明亮的星星的缘故。

当一颗恒星发生超新星爆发后，它的结果有两种：第一，它可能会迅速解体，变成一团充满尘埃的气体，然后渐渐地在太空中向外扩散，进而走到生命的尽头；第二种结果就是，这颗垂死的恒星外层变成星云向外弥漫，中心的内核继续坍塌，

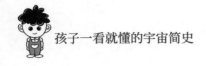

最终变成其他天体。

　　超新星爆发时向外扩散的尘埃、气体和其他物质并不是没有用处，这些物质对形成新的恒星有着很大的贡献。就连超新星爆发的灰烬，都是形成新天体的重要材料。因此，超新星爆发是老年恒星辉煌而又隆重的葬礼，它既代表着生命的终结，也推动着新生命的开始。

超新星在太空中消散

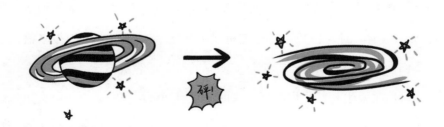

超新星变成黑洞

1987 年，加拿大一位天文学家在大麦哲伦星云中发现一颗超新星爆发，在随后的几个月内，这颗超新星一直在宇宙之中光彩夺目。这颗超新星的爆发事件，是 20 世纪以来最大的天体物理事件之一。

小豆丁懂得多

课间，小豆丁的同桌对小豆丁说："早在公元 185 年，我国的天文学家就发现了一颗超新星爆发，这颗超新星从公元 185 年 12 月初爆发开始，一直在夜空中照耀了约八个月。

到了北宋景德三年，人们又发现了一颗超新星。这颗超新星爆发时间为 1006 年春夏之交，根据人们的推断，当时这颗超新星高度很高，人们甚至能够半夜借助它的光芒读书。

我国的《宋史·天文志》中记载了这颗超新星："周伯星见，出氐南，骑官西一度，状如半月，有芒角，煌煌然可以鉴物……"这颗超新星是有史以来距离我们地球最近的超新星，它距离地球大约为 3 500 光年。

小豆丁兴奋地说："原来，古人这么早就发现了超新星，真是不可思议！"

那些有趣的恒星

夜空中最亮的星——天狼星

岁末年初之时，无论是在我国寒冷的北方，还是温暖的南方，在宁静的夜晚仰望天空，我们经常会发现一颗从东南方向升起的星星。这颗星星在夜空中异常明亮，当我们仔细观察它时，可能会发现它忽明忽暗，不断变换着自己的光彩。这颗在冬季夜空中格外耀眼的星星，就是天狼星。

天狼星为什么会成为夜空中，我们观测到的最亮的星呢？首先，是因为天狼星距离我们很近，它与地球之间仅有 8.6 光年的距离。其次，天狼星的质量虽然只有太阳的 2.1 倍，但是它散发的光度却是太阳的 25 倍。因此，从地球上我们用肉眼看来，天狼星就是最明亮的星星。

有意思的是，天狼星其实是一个双星系统，也就是说天狼星其实是一对双胞胎，哥哥叫作天狼星 A，弟弟叫作天狼星 B。我们看到的那颗最明亮的星星，其实是哥哥天狼星 A。

　　最初，弟弟天狼星 B 非常大，也非常明亮。只不过，在 1.2 亿年前的时候，他不小心挥霍掉了自己的"家产"，然后坍塌成了一个质量仅为太阳 1.1 倍的白矮星。现在的天狼星 B 只是天狼星 A 旁边一颗非常小的星星，散发的光辉也要比天狼星 A 暗很多。

　　弟弟虽然败光了自己的"家产"，但它目前仍是我们发现的质量较大的白矮星之一，而且在今后的时光里，它仍然会以微弱的光辉，将自身的能量放射到宇

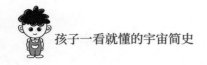

宙空间里。即使弟弟很小，它的哥哥也永远不会嫌弃它，永远会在天狼星 B 身边陪伴着它一起发光。

我们怎么才能从璀璨的星河之中找到天狼星呢？最容易的一种方法就是，通过"冬季大三角"来寻找天狼星。"冬季大三角"是冬天夜空中最明亮的三颗星星组成的一个等边三角形，这三颗星星分别是天狼星、参宿四和南河三。

在北半球，一般在冬季晚上 10 点之后，往南方望去，很容易就能看出这个巨大的三角形来。天狼星是最南边那颗最大最亮的星星，参宿四是猎户星左肩上的那颗明亮的星星，剩下的那颗大亮星则是南河三。

除了通过"冬季大三角"找寻天狼星，还有一种方法也能找到天狼星。一般晚上9点到10点的时候，在西南方的夜空中，我们很容易就能找到拿着一把弓的猎户星座。猎户星座中有三颗很亮的星星排在一起，古代的时候人们通常把这三颗星星叫作福寿禄三星，现在我们把它们称为猎户的腰带。顺着猎户的腰带向东南方望去，我们就可以看到一颗格外闪耀的星星，这颗星星就是我们要找的天狼星。

> ### 视 星 等
>
> 视星等一般指观测者用肉眼所看到的星体亮度。视星等的数值越小，表示星体的亮度越高，比如明亮满月的视星等约为－12。视星等虽然与星体的发光（或反射光）能力有关，也与星体距观测者的距离有关。有一些距离观察者较近的星体虽然比较暗淡，但也可能拥有较低的视星等数值。

小豆丁懂得多

周末，爸爸告诉小豆丁："在古埃及的部分地区，人们把天狼星当作'吉星'。

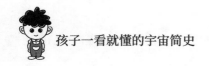

他们将天狼星奉为'水上之星'。"

小豆丁好奇不已,追问爸爸具体缘由。

爸爸说:"因为天狼星出现的时间,恰好是尼罗河河水泛滥的时期,而这一时期也是古埃及人灌溉农田的时期。每年的 7 月下旬,古埃及的人就会怀着急切的心情注视着天空,他们希望在黎明到来之前,天狼星会在天空徐徐升起。当天狼星出现时,人们就会认为吉兆即将来临,当年会是一个丰收的好年头。

在古埃及人的心中,天狼星就是洪水和春季到来的象征。古埃及的人把天狼星当作神明,并专门建造了祭祀天狼星的庙宇。他们把天狼星从东方升起的日子称为岁首,创制了人类最早的太阳历。"

小豆丁高兴地说:"原来天狼星在古埃及居然有这么神圣的地位!"

银河系中最快的"逃亡者"

下面的图片之中，这个星星已经脱离了银河系，他的名字是 HE0437—5439 超高速恒星。根据天文学家的观测，这颗超高速恒星正在以 250 万千米 / 时的速度逃亡。目前，它距离银河系已经 20 万光年了。

为什么这颗超高速恒星一直在逃离银河系？它究竟来自何方？根据哈勃空间望远镜观测，这个超高速恒星运行的速度，相当于太阳围绕银河系中心公转速度的 3 倍以上，而且它一直沿着银河中心方向高速向外运行，这个发现让天文学家对它来自何方有了头绪。

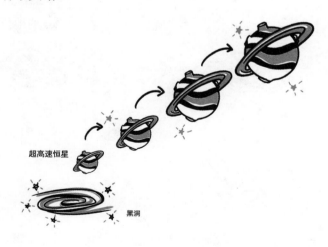

超高速恒星

黑洞

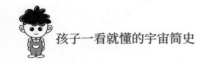
天文学家推测，这颗超高速恒星很可能是一个三星系统（由三颗恒星组成的星系系统，通常有一颗质量比较大的恒星和两颗质量比较小的恒星组成）的成员。

大约在 1 亿年前，这个三星系统在银河系动荡的核心区域内运行着，距离银河系中心很近。不幸的是，银河系中心存在着一个黑洞，这个三星系统中的一颗恒星成员碰巧被黑洞吞噬掉，其他两颗恒星则被高速甩出了银河系。后来，这两颗被抛出的恒星逐渐结合在一起，形成了现在的 HE0437—5439 超高速恒星。

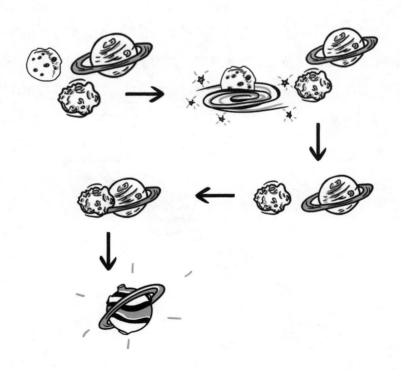

通过哈勃空间望远镜，天文学家还发现，像 HE0437—5439 超高速恒星一样，拼命逃离银河系的恒星其实并不多见。

从 2005 年起，天文学家一共发现了 16 颗这样的恒星，这些恒星大多数都来自银河系的中心区域。

通过对这些超高速恒星的观测分析，天文学家还发现了另一个有趣的信息：通过对超高速恒星运行轨迹的分析，可以推算出那些围绕着星系的暗物质的分布情况。

HE0437—5439 超高速恒星是从银河系中心开始逃离银河系的，目前它已经位于银河系边缘区域。这颗恒星的运行速度几乎相当于逃离银河系引力场所需速度的两倍，这种近乎"荒谬"的速度表明，宇宙之中有很多我们看不到的暗物质，在星系运转时"从中作梗"，暗暗发挥着作用。

按照 HE0437—5439 超高速恒星目前的速度和所处的位置来看，它至少应该已经运行了 1 亿年，但是它目前的质量仅仅是 9 个太阳的质量，而且它的蓝颜色也表明，它应该只燃烧了 2 000 万年。如果不是宇宙中的暗物质在默默地对它施加作用力，这些超高速恒星是不会逃离得如此之快的。

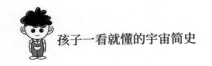

小豆丁懂得多

超高速恒星又被称为流浪恒星，它从被发现开始就一直让天文学家困惑不已。自 2005 年，欧洲南方天文台巡天项目首次发现流浪恒星以来，天文学家一直对这种恒星的年龄十分好奇。目前，天文学家已经提出了两种假设来解释流浪恒星的年龄问题。

第一种假设是，流浪恒星和普通的恒星不同，它本身并不受常规恒星演化规律的制约，所以我们不能通过常规的恒星年龄规律来推算流浪恒星的年龄。就像传说中的神仙一样，人类和他们的年龄并不能相互比较，因此流浪恒星或许是常规恒星眼中的"神仙"恒星吧。

第二种假设是，流浪恒星并不是来源于银河系的恒星，它们最初的"家"可能是银河系的近邻——大麦哲伦星系。

04 热闹的太阳系家族

太阳系是一个大家族，里面住着地球、土星、木星……每一颗行星都有一些不为人知的秘密……

认识太阳

太阳为什么会发光

　　人类出现之前，太阳就已经是一个炽热的大火球，它不断散发着光和热，给地球带来光明和温暖。如果没有太阳，我们的地球就会变得又黑又冷。那么，太阳为什么会发光呢？

　　天文学家针对这个问题，曾经设想过种种可能。其中的一种设想是，太阳是一个正在燃烧的大煤球。不过，这种想法没有多久就被否定了，因为天文学家计算，一个像太阳这么大的煤球，最多只能燃烧 3 000 年。而且就算太阳是个大煤球，那么它在燃烧的同时也会一点点变小，而它发出来的光也会慢慢变暗变弱。但实际上，经过千百年的观测，太阳的光度始终很强烈。

　　既然如此，那么太阳到底依靠什么发光发热呢？天文学家经过仔细研究后发现，太阳之所以会发光，是因为它的内部有氢原子核聚变。

天文学家观测到，太阳 70% 的成分都是氢，在太阳高温和高压的作用下，4 个氢原子核就会通过聚变生成 1 个氦原子核。我们看到的太阳的光就是氢原子核在聚变成氦原子核的过程中释放出来的热量。

简单来说，太阳内部发生的反应类似于氢弹爆炸。1 颗氢弹爆炸就可以释放出至少相当于 20 万吨炸药爆炸的能量，可想而知，太阳内部无数个氢弹爆炸会释放出多大的能量。

不只是太阳这一颗恒星会发光，宇宙中所有的恒星都在发光发热。但天文学家也表示，恒星也并非永恒的，我们的太阳和其他恒星一样都会慢慢老去，然后"死掉"。

小豆丁懂得多

这天，小豆丁兴奋地告诉豆妈："妈妈，你知道吗？太阳脸上也会长斑的。"

妈妈好奇地问："是吗？"

小豆丁说道："天文学家在研究太阳时发现，太阳公公的脸上有时候长了很多叫作'太阳黑子'的黑斑，这些黑斑有的有几千千米长，有的有几万千米长，所以太阳公公特别的苦恼。

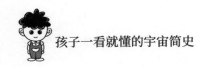

再加上，如果这些黑斑长得特别多的话，对地球有很大的影响。到那时，不仅指南针会乱抖动，无线通信会受影响，而且还会影响飞机的飞行。"

妈妈惊讶地说："那我们的地球会不会有危险？"

小豆丁笑着说："妈妈，不用害怕，天文学家已经证实了，这些黑斑不会永远停留在太阳公公脸上的，过一段时间它就会消失的。"

妈妈松了一口气，说道："还好，我们的地球依旧可以安全生存。"

太阳会爆炸吗

前面说过，太阳也是恒星家族中的一员，恒星和人类一样，有生也有死。在未来的某一天，给我们提供热量的太阳也会"生命衰竭"。如果到了这一天，我们又该怎么办呢？

当太阳核心的氢元素逐渐聚变成氦元素后，太阳就会慢慢步入青年阶段，到那时，其压力会慢慢增大，温度会越来越高，体积也会增大。一旦氦元素被消耗尽，太阳就会开始熔合氧和碳，最终变成一颗红巨星。

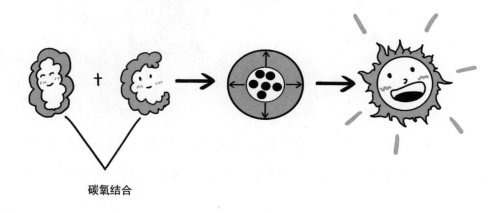

碳氧结合

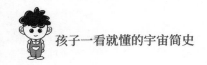
变成红巨星之后的太阳，并不会停止"生长"，当太阳内的燃料完全消耗尽时，它可能会逐渐演化成一颗白矮星。白矮星的密度非常大，引力也很强，它会逐渐吸收太阳外层的物质。大多数的恒星变成白矮星后，又会逐渐变成黑矮星，最后消失在浩瀚无垠的宇宙之中。

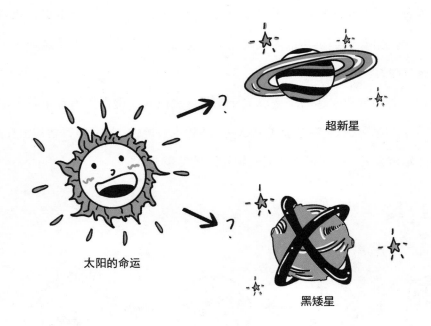

超新星

太阳的命运

黑矮星

太阳成为白矮星之后，在其核心的氦耗尽发生坍塌时，虽然它内部的压力和温度远远不能满足碳爆炸反应，但是却可以使太阳的亮度和体积增加好多倍。当太阳外层的物质慢慢消失以后，白矮星就会裸露出来。这时，太阳释放的能量就有可能会引发新星爆发，也就是我们所说的太阳爆炸。

关于太阳会不会爆炸这个问题，科学家还在持续研究。无论最后太阳是以黑矮星的状态消失在天际，还是以超新星的状态爆炸，我们都要考虑到未来地球的命运，毕竟这关乎着人类的命运。

很多科学家预测，一旦太阳毁灭后，太阳周围的引力就会随着消失，围绕太阳旋转的行星就会失去平衡。到时候，作为太阳第 3 颗行星的地球，也不能幸免于难。

还有一些科学家认为，或许等不到太阳毁灭，我们的地球就会身陷险境之中。当太阳膨胀成为红巨星时，很有可能会吞噬掉我们赖以生存的地球。

这样看来，地球未来的命运确实是岌岌可危了。不过，关于这一问题，现在的我们也不必太过忧心，因为不管怎样，太阳现阶段的寿命还可以维持至少几十亿年，因此，对于目前我们人类来说，太阳爆炸还是一个非常遥远的未知事件。

随着科学技术的发展，在太阳爆炸之前，人类或许已经能够在星际旅行。那时候太阳是否会爆炸，于我们的生存而言，就没有太多影响了。在这之前，我们最重要的事情就是如何保护好我们的地球，毕竟现在的地球才是我们赖以生存的家园。

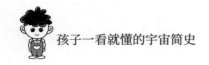

小豆丁懂得多

太阳是太阳系的中心天体，它就像母亲一样，"养育"着太阳系这个大家族。地球上的万物都是依靠太阳而生长的。那么，这位伟大的"母亲"的构成又是怎样的呢？

太阳这个大火球从内向外可以分为4层：核心、辐射层、对流层、大气层。

太阳的核心一直在不断地发生核聚变反应，又被叫作核聚变区；太阳的辐射层占据了太阳大部分的体积，太阳的热能就是通过辐射层传播出去的；太阳的对流层可以将太阳的物质，通过热对流传递到表面；太阳的大气层就是我们平时看见的太阳。

太阳的大气层从内向外一共有3层：光球层、色球层、日冕。

光球层发出的光是太阳最强烈的光，我们平时看到的太阳光芒就是从光球层散发出来的；色球层虽然也散发着光芒，但是与光球层相比，其光芒就微不足道了。也正是因为光球层的光芒太过明亮，所以我们才看不到色球层那美丽的玫瑰色；大气层最外面的一层就是日冕，虽然日冕的温度非常高，但是它的光芒比色球层的光芒还要小，因此人们也没有办法一窥日冕的"姿色"。

太阳系中的星星们

土星和木星上的钻石雨

俗话说，"天上没有掉馅饼的好事"，但是在遥远的土星和木星上，却可能经常会掉下大量的钻石。钻石是我们很熟悉的宝石之一，它凭借精美的外观受到很多人的追捧，这种宝石在地球上主要分布在地下或矿山之中，而土星和木星上竟然会从天上掉钻石，这确实是一件有趣的事情。

早在人们发现土星和木星有钻石雨之前，天文学家就通过研究发现，在天王星和海王星上有可能会下钻石雨。这两颗行星的大气中的甲烷含量高达 5% 左右，这些甲烷由氢和碳组成，其中的碳分解出来，在高压下就会形成钻石从天上掉落下来。

经过天文学家的研究，土星和木星中的甲烷含量很少，甚至都超不过 0.5%，比天王星和海王星的甲烷含量少多了。尽管如此，这两个行星上面，却仍有下钻

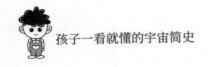

石雨的可能。

钻石雨

美国的一位科学家在研究后发现，木星、土星和地球一样，也会出现雷电，而且雷电的威力比地球上的还大。

这些巨大的雷电击中土星和木星中大气的甲烷后，会将甲烷分解并形成碳颗粒，这些碳颗粒脱离高层大气后开始下降。碳颗粒在下降的过程中逐渐变成石墨，石墨下落到星球深处的时候，就会遭受到巨大的压力，最终形成一颗颗璀璨的钻石。

土星

木星

　　要知道，土星和木星上这些钻石的质量是极高的，很多钻石的直径都可以超过1厘米。如果将这些钻石集中在一起，无疑是一笔巨大的财富，不过目前来看，想拥有这笔财富是极其不现实的。

　　钻石是在巨大的压力之下形成的，在地球上我们想要开

钻石和木炭

　　从元素层面上看，钻石和木炭主要都由碳元素构成，而二者之所以有这么大的差别，主要是它们内部碳原子的排列结构不同。如果能够修改原子的排列结构，就能够用便宜的木炭造出闪亮亮的钻石了。

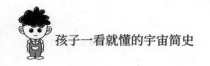

采钻石，必须具有超级强力的开采装置才行。即使我们有条件对土星和木星上的这些钻石进行开采，也是需要巨大的人力、物力、财力的，如果将这些物力和财力用到别的地方，我们甚至可以创造出同等甚至更多的财富。

另一方面，土星和木星上的核心温度特别高。一旦钻石落下之后，有可能就会被土星和木星上面的高温熔化成液体。科学家还发现，这些钻石落到土星和木星高热高压的核心上被液化以后，会再一次蒸发，就和地球上的水一样，再次进入大气之中，准备形成下一次的钻石雨。

由此看来，我们在土星和木星上捡钻石的想法，目前只是天方夜谭。

小豆丁懂得多

在宇宙之中，土星就像一个飘在太阳系中的彩色气球。因为土星的大气中，含有不同温度的物质，它们聚合在一起就形成了不同颜色的云带。这些云带大部分都是金黄色的，所以土星看起来是一个橘黄色的球体。最吸引人的是，土星外面围绕着一层美丽的"项链"，这条"项链"是由无数小冰块组成的。当土星快速旋转时，太阳照射上去，这条"项链"就会散发出美丽的光环。

土星的体积非常大，但是它的质量相对较小。土星的密度甚至比水的密度还要小，如果我们将土星放入一个巨大的海洋里面，它很有可能会漂浮在水面上。

与太阳系中其他行星相比，土星就像是一个年过花甲的老人。因为土星的运动速度非常慢，它围绕太阳旋转一圈需要 29.5 个地球年，不过它自转的速度却非常快，自转一圈只需要 10 小时左右，这可要比地球自转一圈快多了。

木星的孩子们

　　月亮是地球的卫星，时刻围绕着地球旋转。除了地球之外，太阳系中其他的行星也有卫星。比如，木星就有好多颗小卫星，人们经常将这些小卫星叫作木星的"孩子"。

　　最初发现木星有"孩子"的人是意大利天文学家、物理学家伽利略。1610年，伽利略用自制的望远镜在户外进行观测时，发现了一个新的世界。他在木星的周围发现了三颗星星，这三颗星星在天空中格外明亮。

木星

发现这三颗星星后，伽利略对木星产生了极大的兴趣。通过反复观察这三颗星星，伽利略惊喜地发现，这三颗星星一直与木星一同运动。他认为，这三颗星星都是木星的卫星。

随后，伽利略在为自己的发现惊喜之余，又意外发现了第四颗星星，这让伽利略更加高兴。同年 3 月，伽利略将自己的发现记录在《星际使者》中：木星有四颗卫星，在地球上我们能看到他们运行的轨道，我们的太阳系又多了四颗新天体。

伽利略的发现不仅是天文界的大新闻，而且还有效证实了哥白尼的日心说理论：木星的"孩子们"既然围绕着木星旋转，这就证明地球并不是宇宙唯一的中心。

1614 年，德国天文学家、物理学家开普勒提议，分别为这四颗卫星起了名字：第一颗卫星叫作艾奥；第二颗卫星叫作欧罗巴；第三颗卫星叫作加尼未；第四颗卫星叫作卡里斯托。后来，人们似乎并不喜欢这些名字，又改称它们为木卫一、木卫二、木卫三和木卫四。

在木卫一上面，科学家发现了一些奇异的景象。从美国宇航局发射的"旅行者 1 号"和"旅行者 2 号"传回的影像照片中可以看出，木卫一上有活跃的火山活动。

在这一点上，木卫二和木卫一就像一对性格截然相反的兄弟，"你待人接物热情似火，我为人处世却淡泊宁静"。

木卫二要比月球小一些，其表面的照片与地球海洋上的冰的照片很相似，因此科学家怀疑这颗卫星的下面可能存在液态海洋，而且这片海洋中的水可能比地

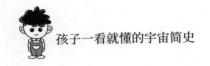
球上的水还要多。

木卫三是木星卫星中最大的，同时也是太阳系中最大的卫星，它的直径比水星还要大。不过，木卫三的表面十分粗糙，有大片的槽沟和山脊，而在木卫三上面还存在一些稀薄的含氧大气。

木卫四比水星小一点，是木星的第二大卫星。木卫四与木卫三不同，它由近乎等量的岩石和冰体组成，表面多是环形山，它的环形山数量也是目前太阳系所有星体中最多的。

目前为止，天文学家已经确认的木星的卫星有 79 颗。伽利略发现的这四颗卫星是木星卫星中比较明亮的四颗，其他的卫星都非常暗，只有使用较大的望远镜才能看得见它们。

小豆丁懂得多

回家路上，小豆丁告诉好朋友小桃子："你知道吗？其实木星的79颗卫星并非都是他的'亲生骨肉'，有很多卫星其实是木星'拐来的'。"

小桃子惊讶地说："怎么还有这样的事情？"

小豆丁说道："按照常理来说，行星的卫

星都是和行星一起诞生的，所以卫星的运行轨迹和行星的运行轨迹也会大致相同。但天文学家在研究木星的卫星时，却惊奇地发现，只有 8 颗卫星的运行轨道与木星十分相像，其他卫星的运行轨道不太相同，而且有很多卫星还处于逆行状态。这些'不规矩'的卫星多半都不是木星的'血亲'，而是木星成型之后，被木星巨大的引力'吸引'而来的。其实，这些卫星并不想追随木星的足迹运行，甚至无时无刻不在想尽办法摆脱木星的控制，但碍于木星的引力，它们的'逃跑计划'始终都没有成功。"

小桃子崇拜地看着小豆丁，说道："你真是一个宇宙知识小达人呀！"

地球的"蒙面姐妹"

太阳系中一共有八大行星，其中土星和木星非常相似，天王星和海王星也有些相同，而有一颗行星与我们的地球也很相似，其质量、大小都十分相像，但却比地球多了一层"神秘面纱"，可以说是地球的"蒙面姐妹"。

蒙着面纱的金星

地球的这位"蒙面姐妹"就是金星，它的周围充满了厚重的大气，只有通过射电望远镜才能穿过这层大气，看到金星的"真面目"，所以金星看起来像是蒙着一层面纱，十分神秘。

在大小尺寸上，金星与地球的差别非常小。地球的直径为 12 756.2 千米，金星的直径为 12 103.6 千米；在太阳系众多行星之中，金星的质量是最为接近地球的。

从结构成分来看，金星和地球一样都属于岩质星球，它们两个都有金属核心，周围包裹着硅质岩石，最外层也都是一层薄薄的外壳。

在密度上，地球与金星的差别也非常小。地球的密度为 5.5 克 / 厘米^3，金星的密度为 5.24 克 / 厘米^3。

虽然有很多方面与地球都颇为相似，但金星却并不像地球这么"温和友好"。如果说地球是人类的温馨家园，那么金星就像是神话故事中的"地狱"一样。

金星虽然也拥有大气层，但它大气中的95%都是二氧化碳，这使得它有着非常严重的温室效应。更可怕的是，金星的表面平均温度可达到 462 摄氏度。要知道，烧沸的油锅温度尚且达不到 300 摄氏度，如此来看，在金星上生活可要比下油锅恐怖多了。

压强

压强有时候是很可怕的，在地球的大海中，下潜 10 米深的压强就已经是正常人无法忍受得了，而在 10 000 米深海底的压强可以瞬间将一座铁皮屋压扁。不过在如此大的压强下，却依然有海底生物依靠特殊的身体构造生活着，它们的生命力真是顽强无比。

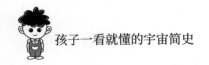

一些天文学家判断，在很久之前，金星的温度其实并没有现在这么高，它曾经也可能是一个拥有海洋的星球。但在太阳的不断"炙烤"下，金星表面的水都被蒸发，温度也逐渐升高起来，这才变成了现在我们看到的样子。

金星表面的大气不仅非常浓厚，而且其地表的压强也非常大。根据研究表明，金星表面的压强是地球的 90 倍。如果人类进入金星，就相当于潜入到 1 000 米的深海之中，就算不被高温熔化掉，也会被强大的气压压扁。

金星的上空还有一层 20 千米至 30 千米厚的浓硫酸云，时不时就会降下一场酸雨，并且还经常伴随着强烈的雷暴。当酸雨和雷暴光临金星之时，被轰炸着的金星看起来就好像地狱一样。

硫酸雨

看来，地球的这个"蒙面姐妹"并没有我们想象的那样美丽动人，至少对人类来说，金星并不是我们未来能够居住的地方。

小豆丁懂得多

地球除了拥有金星这样一位"蒙面姐妹"之外，其实还有一个非常小的"小跟班"。这个"小跟班"是在1906年天文学家时偶然发现的。

这颗小行星的直径只有300米，仅仅相当于一个稍微大点的体育场。它一直跟着地球一起围绕着太阳旋转，已经有几十亿年时间了。

其实，在大行星的轨道上发现小行星已经不是什么稀奇的事情了，科学家早就在木星和土星周围发现过类似的小行星。

科学家们认为，这些小行星很有可能是大行星在形成的时候，没有将自身的物质全部纳入星球之中，而被遗留下来的，久而久之就变成了这种"小跟班"。

后来，科学家将这种小行星叫作"特洛伊"，表示是行星遗留物。

火星上可不可以居住

火星是太阳系中我们较熟悉的行星之一，它和地球有很多相似之处，比如一天大约有 24 小时，拥有山脉、山谷等。很多人都认为火星会成为未来的第二个地球，科学家也曾经认为火星是在太阳系中，除了地球之外最适合居住的星球。但事实上，火星是一个环境非常荒凉的不毛之地。

火星和地球相比，其实是一个非常干燥的荒漠，而且其温差还特别大。

根据科学家的探测，火星的表面平均温度可达零下 6 摄氏度。再加上大气层非常稀薄，火星上的昼夜温差特别大。白天火星有 21 摄氏度，但是到了晚上温度就会下降到零下 80 摄氏度。尤其是冬天的晚上，火星的温度可能到零下 100 摄氏度。因此，在没有足够的保暖措施下，人类在火星上会被冻成冰雕。

人类也并非不能在寒冷的气候中生存，

南极洲最低温度曾经达到过零下 89.2 摄氏度，再者虽然人类在火星上很难保暖，但是随着技术的进步，未来要抵抗火星的温度也不是不可能。

不过，即使我们能够抵抗火星的寒冷气候，目前也很难在火星长期生存下去，因为火星上面并没有足够的氧气。火星大气中包含的氧气只占 0.16% 左右，而我们地球上的含氧量高达 21%。目前已经有科学家针对这一困难，提出了解决的方法。如，通过一些方法改善火星大气层。但这毕竟是科学家的一种假设，真正要改变火星的大气层并非一件易事。更何况除此之外，火星上还有很多我们不能克服的其他条件。

最大的威胁就是太阳的辐射。我们的地球之所以可以避免大量紫外线的辐射，是因为地球拥有一个巨大的磁场，这个磁场可以抵挡太阳的辐射和其他宇宙辐射。不幸的是，火星并不存在磁场。

简单来说，火星是赤裸裸地暴露在宇宙之中的。如果我们居住在火星，每天都会受到大量的紫外线辐射，这样用不了几个月，就会痛苦死去。

目前，科学家正在研究把人送上火星的方法。或许 20 年或者 30 年后，我们真的可以飞到火星上，但就现在看来，这颗红色星球离我们太过遥远了。

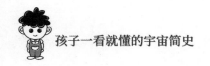

小豆丁懂得多

课堂上，老师讲到"京杭大运河"。小豆丁突然想到，他曾经看到关于"火星运河"的资料。他兴奋地告诉老师："老师，不仅我们地球上有运河，火星上也有运河。"

同学们听了之后，都哈哈大笑，不相信小豆丁说的。小豆丁涨红了脸，不知道该怎么办。老师则安慰小豆丁说道："小豆丁这么说一定有他的道理，我们不妨先让小豆丁讲完再做定论。"

小豆丁鼓起勇气，继续说道："很久以前，英国天文学家威廉·赫歇尔用望远镜观测火星后，在纸上画出了类似'运河'的东西。后来，一位意大利的天文学家夏帕雷利也宣称自己看到了'运河'。"

小桃子好奇地问："如果你说得是真的，那么火星上是不是也有生命呢？"

老师看了看小豆丁，说道："小豆丁说的有一定的道理，天文学家用'运河'来形容火星上的河流，其实是一定程度上推断火星上有可能存在着高等智慧生物的，只不过现在我们还不能证实这一观点而已。"

冥王星为什么会被"开除"

1930 年，美国天文学家汤博发现了冥王星，至此冥王星成功跻身太阳系九大行星行列。不过，冰冷的冥王星并没有"得意"多久，2006 年，国际天文学联合会通过表决，将冥王星"开除"了，并把它降为"矮行星"。

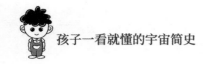

冥王星对此无奈至极，它想不明白为什么自己被踢出了太阳系行星行列。其实，自冥王星被发现以来，科学界对它的质疑从来没有断过。1999年，冥王星还差点因为国际天文学联合会的电子邮件投票而失去行星的地位。

冥王星之所以一直备受"排挤"，是因为它与太阳系中的其他八大行星存在太多的不同之处。

第一，冥王星的体积非常小。冥王星被发现的时候，科学家认为冥王星是比地球还要大的一颗行星，可是后来，科学家发现冥王星的体积仅为地球的0.65%，其平均密度约为1.854克/厘米^3。因此，这颗体积比月球还要小的冥王星受到了科学家的质疑。

第二，冥王星的运行轨道是一个扁扁的椭圆形。除了冥王星以外，其他的八大行星运行的轨道基本在一个平面之内，只有冥王星有时在八大行星的上面运行，有时又在下面运行，冥王星的运行轨道与黄道形成了一个17度的夹角。

第三，冥王星距离太阳十分遥远。它位于柯伊伯带附近，这个位置距离太阳很远。虽然当冥王星运行到近日点的时候，距离太阳只有44亿千米，但当冥王星运行到远日点时，距离太阳足足有74亿千米之远。

第四，冥王星的温度非常低。距离太阳十分遥远的冥王星，能够接受的太阳辐射非常少，所以它的表面温度非常低。科学家估计，它的表面温度可能低于零下200摄氏度。在这种低温的环境下，冥王星上面的大部分物质都变成了固体或液体，只有氢、氦、氖等少量元素还可能保持着气体状态，这也是冥王星大气非常稀薄、透明的原因。

第五，冥王星运行轨道附近有其他的天体。金星、水星、地球等行星之所以能够成为八大行星，是因为它们附近没有与之质量相差不大的天体，使得它们成为轨道中唯一的一颗大行星；而冥王星并没有

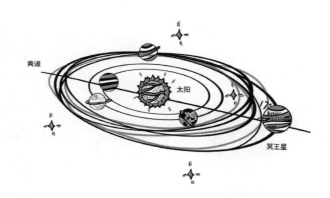

"清理掉"它运行轨道上的其他相似天体，因此冥王星并不算名副其实的行星。

在2006年的国际天文学联合会上，科学家重新定义了行星的性质。要想成为太阳系中的行星，必须要具备以下几个条件：一是必须围绕着太阳运转；二是质量足够大，可以依靠自身引力成为圆球状天体；三是运行轨道附近没有其他天体。

很显然，按照这样划分，太阳系内只有水星、金星、地球、火星、木星、土星、天王星、海王星这八颗行星符合条件。而"先天不足"的冥王星只能被"开除"行星行列，成为一颗并不起眼的矮行星。

虽然冥王星被"开除"了，但是天文学家并没有停止对它探索的热情。何况，这颗用世界上最大的望远镜都只能看到一个小光斑的星球，还存在着很多我们不

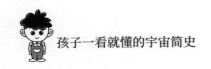

知道的秘密，比如，科学家探测到，在冥王星的外围可能真的存在第九颗行星。关于宇宙的谜题总是解不完，所以我们的探测之路也是没有尽头的。

小豆丁懂得多

小豆丁十分好奇冥王星的名字是如何得来的，便请教爸爸。

爸爸告诉小豆丁："其实，冥王星的名字源于古罗马的神话。传说中，古罗马有一位叫普鲁托的冥界之王，他掌管着阴森森的地下宫殿。由于人们信奉恶人死后会进入冥界，然后受到残酷的刑罚，所以人们都十分惧怕冥界。

而宇宙之中的冥王星由于距离太阳十分遥远，几乎得不到太阳的照射，再加上它的表面十分寒冷，与普鲁托的地下宫殿十分相像，所以人们将这颗星球叫作冥王星。凑巧的是，冥王星的英文开头字母和冥王星的发现者帕西瓦尔·罗威尔的开头字母一样。"

小豆丁恍然大悟，开心地说道："我又获得了一条有趣的知识，真棒！"

05 我们的地球和月亮

地球的生命有没有尽头？月亮是否会永远存在？地球和月亮还有很多我们不知道的奥秘……

地球的奥秘

地球为什么是球形的

　　遥远的古代，人们没有望远镜和其他先进的装备，对宇宙的认识大多是靠自己的猜测。正因为这样，人们为了弄清地球的形状，耗费了不少心血。而在科技发达的现在，我们只需拿出一张人造卫星拍摄的地球照片，就可以得知地球是球形的。

　　虽然地球是球形的已经成为众所周知的事实，但是地球为什么是球形的这一问题，很多人却不知晓。不光是地球，其他的天体绝大多数也是球形的。为什么地球不是方的，不是三角形的，不是奇形怪状的，偏偏是一个球形呢？

　　关于这个问题，我们就要从地球的形成、重力和自转这几个方面来解释了。

　　首先，宇宙大爆炸之后，太阳系中的物质相互碰撞，各种天体由此诞生。这些天体有的是气态，有的是液态，有的则是固态，而早期的地球则是以液态形式存在的。在引力环境非常复杂的太空之中，液态物质会自动形成球形。这就像一滴水在真空状态下会呈现出球形一样。

　　宇航员在太空环境下，用水、果汁和一些液态金属等物质也做过实验。物质都有向心力，这些液态的物质在没有外力的外太空中，就会成为完美的球状，这可能是地球在太空的运行过程中逐渐成为球形的原因。

　　其次，无论是灾变说还是演化说，地球从形成到现在，除了外面有一层地壳之外，地球的深处一直是处于高温熔融状态的。简单来说，地球深处一直是一个高温的大火炉。

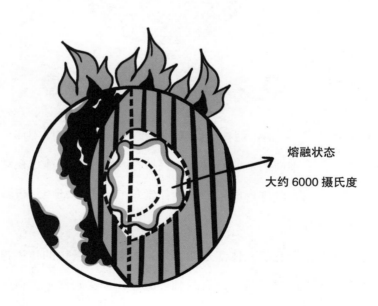

熔融状态

大约 6000 摄氏度

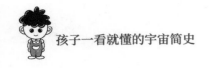
由于重力的影响，地球上的元素就像水中的物质一样，重的元素会沉到下面，而轻的元素则会漂浮上来。这样一来，地球中每一层上的物质都是相同的，它们

重元素 〇 ＞ ▢ ＞ △ ＞ ▢ ＞ ◉ 轻元素

的密度和重力也是一致的，这种现象就叫作重力自平衡机制。

任何物质都有不同的形状，以此来保持自身的平衡，地球保持自身平衡的形状就是圆球形。只有圆球形的地球才能在常年的高速转动中，保持地球内部熔融状物质的均匀分布。

不过，并不是所有的天体都是球形的。如果一个天体的体积很小，重力比较微弱，或者它内部的物质从来没有融到一起过，那么它的重力自平衡机制就会失去作用。这样的天体很少有球形的，大部分都是奇形怪状的，比如，火星的卫星和许多的小行星就是这样的。

还有一种可能导致地球成为球形的原因就是地球的自转。在宇宙之中，各种天体之所以能够保持平衡，就是因为天体的引力。天体的引力场就像一个巨大的球形漩涡，不同的天体因为引力而固定在不同的位置，这也是太阳系，甚至银河系中的天体稳定在宇宙之中的原因。

在这个巨大的球形引力场中，各种天体都在不停地自转。在自转的过程中，天体由于引力的影响，就会慢慢变成球形。这就像在洗衣机中的衣服，经过快速旋转后最终成为球形一样，而地球的形状很大一部分就是因为快速自转"甩"出来的。

小豆丁懂得多

周末，爸爸带小豆丁去图书馆。小豆丁一到图书馆，便跑到天文学书架，津津有味地读了起来。中午回家的时候，爸爸问小豆丁有什么收获。

小豆丁高兴地说："这次我读到亚里士多德做的一个有趣实验。"

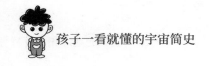

爸爸问道："什么实验，你来跟爸爸讲讲吧！"

小豆丁讲道："公元前，亚里士多德为了让他的学生相信地球是球形的，就带领他们做了一个实验。他自己留在亚历山大城，让他的学生去南方一个比较远的城市。然后他和学生按照约定，在同一天的正午，一起测量同样高度立杆的影子长度，其实就相当于在测太阳的高度。

亚里士多德告诉他的学生，如果地球是平的，那么两地的太阳高度应该是一样的，如果不一样，则表示地球是圆的，并且还能因此测量出地球的大小。这场实验的结果当然是后者，亚里士多德的学生因此知道了地球是圆的这个事实，并且还测算出来在当时看来很精确的地球半径。"

爸爸听完，说道："看来你这次收获不小呀！"

被地球"吃掉"的太空物质

宇宙中的所有天体都在不断运动,包括我们的银河系、太阳系,甚至地球。不过,就地球来说,除了我们熟知的公转和自转运动之外,地球还有一个"不可告人的秘密"。

被"撑死"的地球

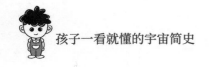

这个秘密就是，地球会不断地"吃东西"，被地球吃掉的东西就是太空物质。

科学家已经证实，地球每天都会捕获一些太空碎片、太空垃圾和太空中的陨石等，然后把这些东西都吞到自己的"肚子"里，让这些太空物质成为地球的一部分。

科学家通过研究找到了很多地球不断"吃掉"太空物质的证据。

首先，科学家发现，地球的质量正在不断地变大，地球每年的直径都会有微小的变化。其次，科学家还发现，贝加尔湖等重要地理结构组成，每年也都以不同的速度向外扩张着，这也表明地球正在不断地扩大。

太空物质

据科学家推测，我们的地球经过数亿年的演变，土壤中很大一部分都是来自太空尘埃。地球每 24 小时就会"吃掉"将近 10 万吨的太空物质，只是由于这些物质多是以较小的尘埃状态存在，才使得我们无法察觉这个过程。

这个巨大的数量不免让人们感到惊心，很多人开始担心，如果地球一直这样"吃"下去，会不会有一天被"撑死"。

科学家按照这个速度来推测，地球每年的表面积都会扩大 515 平方千米。如果这种说法是正确的，那么，在不久的未来，地球的自转周期就会延长到 25 小时。

到那时，我们是否通过只换一块表就可以继续安稳度日了呢？实际上，如果地球越来越大，那么地球就会离太阳越来越近，吸收的太阳能量也会越来越多，这显然会威胁到地球上的生态平衡。

这样看来，地球变大并非一件好事，那么有什么办法可以阻止地球增长吗？科学家认为，地球之所以不断地"吃掉"太空物质，是因为地球引力的缘故。地球在运行时，其自身强大的引力会将太空物质吸引过来，然后把它们变成自身的一部分。

但也有科学家认为，地球变大并非因为"吃掉"了太空物质，而是由于自身一直在不断膨胀导致的。直到目前，科学家还在争论地球变大的原因。不过，不管怎么说，地球至少还能存活数亿年，我们也不用过于担心。至于地球变大的真正秘密，相信时间最终会给我们一个满意的答案。

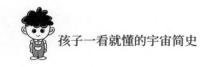
小豆丁懂得多

到现在为止，我们的地球大约已经有 46 亿岁了。在漫长的成长过程中，地球也经历过不少的坎坷。根据研究，地球上曾经发生过 5 次物种大灭绝。

第一次物种大灭绝是在约 4.39 亿年前的奥陶纪时期；第二次发生在约 3.77 亿年前的泥盆纪时期；第三次发生在 2.5 亿年前的二叠纪末期；第四次发生在 2 亿年前的三叠纪时期；第五次发生在 6 500 万年前的白垩纪末期。

我们都知道，在第 5 次物种大灭绝中，恐龙成了被灭绝的物种。地球会不会发生第 6 次物种大灭绝呢？还不得而知，但相信，随着科技不断地进步，人类定会有应对的办法。

地球还能"活"多久

人类已经在地球上生活了上万年，但人们对地球的了解还很少，就连地球的年龄，都是科学家在 20 世纪之后才测算出来的。虽然我们知道地球已经约 46 亿岁了，但是我们却不知道地球还能"活"多久。

科学家认为，如果地球可以一直运转下去，那么它有可能会永远存在。但如果有其他的因素来干扰，那么地球很有可能会走上灭亡。这些年来，科学家对地球寿命的推测也说法不一。

总的来说，大概有三种观点：一是地球与太阳共存亡；二是被彗星撞得粉身碎骨；三是地球会因为温室效应很快死去。

地球与太阳共存亡是影响力最大的一种观点。我们的地球能够有阳光和热量，有四季变换，全都是太阳的功劳。如果太阳灭亡的话，地球一定不可以独活。

太阳的寿命也是有限的，随着时间推移，终有一天太阳可能会变成一颗红巨星，那时地球的命运就非常危险了。有些科学家认为，如果成为红巨星的太阳最终爆炸的话，地球也会一起消失在宇宙之中。

还有一些科学家认为，太阳成为红巨星后，它的体积会慢慢变得越来越大，

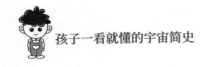

或许等不到太阳爆炸的那一刻，地球就会被太阳吞噬掉。

按照这种观点，地球毁灭对于人类来说是一件极其遥远的事情，因为不管太阳的命运如何结束，只会发生在几十亿年后。

不过几十亿年只是在没有其他意外情况下，地球可以生存的时间。在地球运转的过程中，但凡出现一点点意外，都有可能导致地球提前毁灭。

目前，太阳的一颗伴星就威胁着地球的生命。科学家预测，这颗伴星大概每隔 2 600 万年，就会转到离太阳特别近的地方"兴风作浪"。当它不安分的时候，大量的彗星就会被它的强大引力搅得天翻地覆。

那时我们的地球就会成为大量彗星的"靶子"，一旦质量足够大的彗星聚集到一起"攻击"地球，地球上的生物就会遭受巨大的灾难，甚至地球自身也会粉身碎骨。

虽然现在还没有找到这颗伴星，但是很多科学家都相信这颗伴星是真实存在的。

此外，地球的寿命还会受

> **温室效应**
>
> 温室效应是大气保温效应的俗称，大气能使太阳短波辐射到达地面，但地表受热后向外辐射的大量长波却被大气吸收，无法反射回太空形成热量交换，这就使地表与低层大气的温度增高，形成一个类似温室的与太空隔绝的保温区域。

到温室效应的影响。人类出现之后，自然环境逐渐遭到破坏，空气中的二氧化碳逐渐增多。全球气温的升高、气候的反常以及自然灾害的增加，都是地球在向人类敲响警钟。

如果温室效应一直持续下去，可能用不了多少年，南极和北极的冰川就会大量融化掉，上升的海平面就会把大部分的陆地淹没，到时候人类的生存也会受到很大的挑战。

总而言之，地球、太阳以及整个宇宙之间都是息息相关的。宇宙、太阳的灭亡会影响地球的寿命，人类的行为也影响着地球的寿命。不管地球还能"活"多久，我们都要时刻爱护它。

小豆丁懂得多

这天，老师问道："同学们，你们知道地球的名字是怎么来的吗？"

同学们纷纷摇头，表示不知道。

老师说："最开始的时候，我们的地球并不叫地球，因为古代的人们并没有意识到地球是一个球体，他们认为地球是平的。直到十六

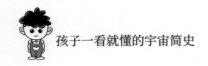

世纪左右，人们才认识到地球是一颗环绕着太阳转动的行星。此后，人们认为，既然人类都是生活在大地上面的，不妨就把它叫作地球吧。于是，地球这个名字就流传了下来。"

小豆丁疑惑地问老师："我们的地球明明 71% 的地方都是水，为什么不叫水球呢？"

老师说道："因为当时的人们活动范围很有限，它们能看到的地方大部分都是陆地，所以人们觉得地球上大部分的地方应该都是陆地，并没有意识到地球上的水其实有很多。"

小豆丁恍然大悟。

月球的奥秘

人类为什么要登月

在中国神话传说中，月亮上有一座广寒宫，里面住着非常漂亮的嫦娥仙子和玉兔。但实际上，月球是一个非常寒冷的星球，上面没有水，没有空气，没有生物，还有非常大的辐射……

即使是这样，人们始终对这颗星球怀有非常大的热情，甚至多次不惜花费巨大的人力、物力、财力制造探访月球的设备。那么人类为什么要登月呢？

这就要从人类早期探索月球说起了。1959年以后，苏联接连将月球一号、月球二号和月球三号送上天，人类对月球的探索开启了一个新的篇章。截至目前，人类不仅多次成功将探月设备发射到月球之上，而且

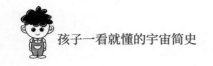

还有宇航员登陆过月球。

人类之所以频频造访月球，其中的原因有很多。

首先，探索月球能彰显国家实力。在众多的科技领域之中，航天科技一直是当今世界具有代表性的高科技类别，目前航天科技已经成为衡量一个国家科技和国防力量的重要标志。比如，美国的阿波罗计划实施后，人们通过利用其中的科技制造出了几千项发明，如烟雾检测器、食品干燥剂、心率表、彩超、家电节能系统、数字温度计、抵制有害射线的太阳镜等，甚至我们现在经常使用的条形码，都是依靠航天技术而发明的。此外，小到尿不湿，大到军事、计算机、通信、航天航空等多种行业的新型设备，都与阿波罗计划息息相关。

对于我国来说，探月工程也增长了我国的工业和高端技术的实力，我国的技术能力和水平也因此得到了显著提高。探月工程中涌现的一大批年轻的科学技术人才，也体现了我国的实力。

其次，月球资源是一笔无价的财富。月球虽然看上去是一个十分荒凉的不毛之地，但实际上，月球是一个不折不扣的大宝球。根据探测，月球的土壤和岩石中蕴含着丰富的氧、钛、铝等矿物资源。

在月球土壤中发现的核聚变燃料氦 –3 是一种非常宝贵的资源。氦 –3 能在核聚变反应中释放出大量的能量，并且不会产生任何污染。根据科学家的计算，100 吨氦 –3 可以满足地球一年的能源需求。月球上现存的氦 –3 能源高达 100 万吨到

500 万吨，这些能源至少可以保证人类使用 1 万年。

除此之外，月球还是一个天然的实验室。月球上的重力只有地球的六分之一，它没有大气和磁场，所以很多在地球上不能实现的研究都可以在月球上轻松完成。

月球还是一个最佳的探测中转站，一些从月球表面发射的深空探测器和星际载人飞船能够较地球轻松到达目的地。

> ## 氦-3
>
> 其实，地球和月球上的氦-3 都来自太阳，只是相比于地球，月球上的氦-3 更容易保存下来，原因是月球没有大气，太阳风所带的粒子可以直接打在月球表面，从而让月球的土壤里富集了大量来自太阳的元素粒子，其中就包括氦-3。

目前，美国、俄罗斯、日本等多个国家都制订了月球着陆计划。未来各国会将探测月球的重点放到月球的背面和极地地区，从而利用月球上的资源和能源开展天文观测、空间科学研究等。或许在不久后的未来，当人类飞往月球时，那些科幻小说中的月球世界也会成为现实。

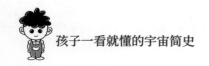
小豆丁懂得多

　　小豆丁对月食现象非常好奇，听爸爸说，月食是一种特殊的天文现象。它是指当太阳、地球和月球运行到同一条直线上时出现的天文现象。当月亮运行到地球的阴影部分时，地球就会遮住照射在月球和地球之间地区的太阳光，就会出现月食。

月亮的"逃跑计划"

月球围绕地球产生的运动轨迹是椭圆形的，月球到地球的距离在 36.33 万千米到 40.55 万千米之间。科学家观测到，月球正在以每年 3.8 厘米的速度偷偷溜走。

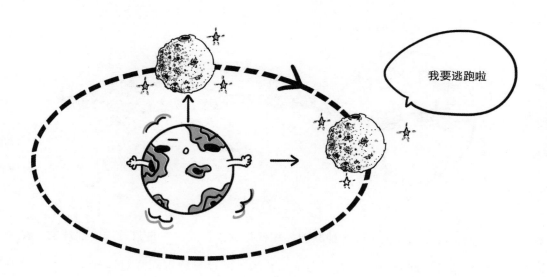

月球是地球的卫星，数亿年来它就像保护地球的忠实"卫士"，一直都围绕着地球旋转。为什么它会在偷偷溜走呢？难道它不想再"保护"我们的地球了吗？其实不然，在月球"逃跑"这件事上，我们并不能将月球当作"背叛者"。

月球离地球越来越远有可能是离心力的作用。就像我们在游乐场玩快速旋转的电动玩具时，总会感觉到自己的身体不受控制地向外运动。

但在月球运动的过程中，虽然离心力总是影响它，想要把它拖出轨道，但是地球为了"保护"它的"卫士"，一直用引力牵引着月球，所以月球一直都在轨道之中，并没有被抛出轨道。

月球远离地球可能还有一种原因，那就是潮汐。潮汐本是月球送给地球的"礼物"，地球对月球有引力，因为力是相互的，所以月球也同样对地球有引力，月球对地球的引力作用在地球表面的海水上时，导致地球上潮汐的产生。

月球影响着地球上的潮汐，然后潮汐也同样影响月球，随着时间的流逝，月球的轨道变得越来越大，它离我们也就越来越远。

月球远离地球已经不是一两天的事情了。科学家推测，在 28 亿年前，月球距离地球非常近，那时的月球公转一周只需要 17 天，甚至美国的一位研究员认为，那时的月球距离地球比科学家推测的还要近。

根据这位研究员的猜测，地球和月球刚刚形成的时候，月球围绕地球转一圈只需要 7 天的时间。如果这种说法正确的话，那时在地球看到的月亮可能就在地平线上。

虽然月亮每天远离我们的距离非常短，但是日积月累，数亿年后，月球可能就会完全脱离地球的引力场。不过，科学家认为，月球彻底"逃跑"的可能性非常小。

小豆丁懂得多

"月球上曾经有生命吗？"小豆丁一脸好奇地问道。

爸爸笑着说："在科学家眼中，月球从来没有过任何生物，但在那些古老的神话故事中，月球上曾经有很多人物，并且这些人还会改变月球的形状。"

爸爸给小豆丁讲了这样一个故事。传说中，生活在非洲南部的桑族人可以控

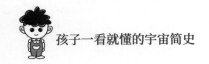

制月球。在那时，月球每个月都会死去一次，但死后又会快速重生。月球会在 13 个夜晚中疯狂生长，然后重新变成满月。这时，桑族人就会连续三天晚上载歌载舞，从而庆祝月球的重生。

然后，月球就又开始死亡。这时，桑族人眼中的伟大猎人——太阳，就会和月球战斗，然后一点一点将月球切割下来，直到月球完全消失。这段时间桑族人则会祈求上天来拯救月球，让月球赶快生长。当月球再一次成长成满月之时，就是桑族人再次庆祝的日子。

太阳系 "最冷" 的地方——赫米特陨石坑

太阳系中的行星都是靠太阳来提供热量，很多人认为，离太阳越近的地方就越热，离太阳越远的地方就越冷。但其实并不是这样，根据科学家的研究发现，离太阳最近的水星被没有离太阳第二近的金星热。而目前所发现的太阳系最冷的地方并不在距离太阳很远的冥王星或者更远的地方，而是在离地球很近的月球之上。

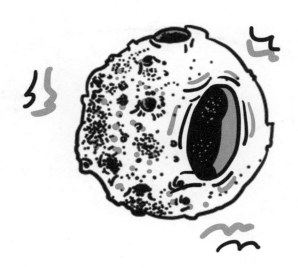

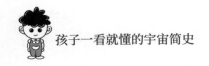

美国曾经发射一个叫作"占卜者"的太空探测器，这个探测器在探测月球时发现，月球上有一个直径长达 108 千米的陨石坑，后取名为赫米特陨石坑。当"占卜者"走到这个陨石坑的时候，科学家马上意识到，这是一个不寻常的地方。

于是，科学家立即让"占卜者"探测这个陨石坑，他们惊奇地发现，赫米特陨石坑的温度竟然可以达到零下 247 摄氏度。科学家为此惊奇不已，因为距离太阳特别远的冥王星表面温度才为零下 225 摄氏度左右，而距离太阳如此之近的赫米特陨石坑的表面温度居然比冥王星还要低，堪称是太阳系"最冷"的地方。科学家不禁好奇，赫米特陨石坑到底有着什么样不为人知的秘密呢。

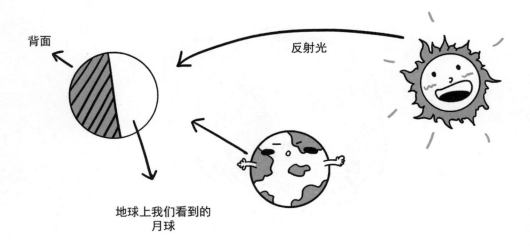

这首先和赫米特陨石坑的地理位置有关。它距离月球的北极点非常近，是一个太阳照射不到的盲区，再加上月球上没有大气可以调节温度，所以温度会极低。

月球中赤道的温度在白天可达127摄氏度左右，而与此同时，月球背面的温度很可能已经降到了零下183摄氏度左右，这约310摄氏度的温差，无疑成为人类眼中的恐怖世界。

月球陨石坑

它是各种天体撞击月球形成的环形凹坑。亿万年来，无数的天体撞击着月球的表面，让月球变成了今天的样子。而如果没有月球护卫地球，这些天体很可能也会光临地球，虽然它们当中的大部分都会在地球大气中燃烧掉，但不排除少部分天体也会在地球上留下这样的陨石坑。

我们都知道，月球总是一面朝着地球，我们将月球背对地球的那一面叫作"月球暗面"，实际上月球暗面得到的阳光和月球正面得到的一样多。

既然月球的背面也可以得到阳光，为什么赫米特陨石坑能够一直保持那么低的温度呢？很多科学家认为，赫米特陨石坑的温度一直这么低，可能是因为它可以清除周围所有的热源。也许月球上的一些陨石坑长期以来都存在一些比较容易发生变化从而吸热的物质，才可以让赫米特陨石坑保持如此低的恒定温度。

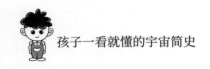
随着人类对月球的探索，人们发现，神奇的月球背面除了赫米特陨石坑之外，还有很多迷人的陨石坑。其中，我们知道的目前太阳系内最大的陨石坑——艾肯盆地，就在月球的背面。

小豆丁懂得多

月球上也有山脉的存在，但是月球上的山脉和地球上的不同。地球上的山脉都是经过数百万年慢慢形成的。而月球上的山脉往往是在几分钟，甚至更短的时间内形成的。

在月球上，一旦被高速运转的小行星或者彗星撞到，地表就会发生位移和隆起，然后在很短的时间内形成与地球上不相上下的山脊。我们能看到的月球一面，就布满了大大小小的环形山，有的山脉和地球上的火山口十分相像。

而在我们看不到的月球的另一面上山地更多，其中，中部是一条绵延 2 000 千米的大山系。月球背面最大的一座山脉，其直径高达 295 千米，比我国整个海南岛都要大。除了大大小小的山脉之外，我们在明亮的夜晚看到的月球的暗纹和暗斑，就是月球上的平原或盆地。

06 对未来及外星生命的探索

科学家从来没有停止探索宇宙，外星人、太空移民、地球 2.0 这些奥秘终会真相大白……

外星生命

FRB 信号是外星人发的吗

2019 年 1 月 9 日，加拿大的天文研究团队宣布，他们发现了人类史上第二例重复的 FRB 信号。此消息一出，天文界的科学家们都激动万分。哈佛的一位教授认为，这段 FRB 信号可能是外星人发来的信号。那么，FRB 信号是什么？难道真的有外星人存在吗？

首先，我们一起来认识一下 FRB 信号。FRB 信号的全称是 Fast Radio Burst，也就是快速射电暴的意思。简单来说，FRB 就是宇宙中的一种无线电信号，特点是能量密度很高，这种信号到底是怎么形成的，科学家到现在还没有定论。不过有科学家猜测，宇宙中大多数 FRB 信号都可能与中子星有关。

那么，FRB 信号既然是宇宙中的一种常见现象，为什么又跟外星人扯上关系了呢？这就要从人们发现 FRB 信号的历史说起了。

从 2001 年到现在，全球发现的 FRB 信号已经高达几十个，这些信号大部分都是短暂的、单一的。单凭着这些短暂单一的 FRB 信号，科学家们无法解读出这些信号的真正信息。

然而，2019 年发现的这一次却不同，因为这一次发现的 FRB 信号居然和之前发现的 FRB 信号一样，也就是说，人类又一次捕捉到了一个重复出现的信号。

因为不管是某个中子星与黑洞相撞，还是某个超新星爆发，所发出的 FRB 信号都不会重复发生 2 次以上。这样看来，将 FRB 信号看作是外星人发的信号，这种说法似乎更符合情理。再加上，其中的 FRB 180817 信号还有一个特点，就是它的信号频率特别低。之前的 FRB 信号的频率都在 1 400 兆赫左右，但 FRB 180817 的信号居然低到了 400 兆赫到 800 兆赫之间。

根据科学家的研究，频率在 1 400 兆赫的 FRB 信号一般都是地面塔台发出的，那些低于 800 兆赫的 FRB 信号则往往是飞行器发出的。这似乎更证实了存在外星人这一说法。

也有很多科学家认为，FRB 信号的能量非常大，甚至远远超过全世界所有核武器的能量，所以根本不可能是外星人发射过来的。他们认为，FRB 信号是外星人发出来的这种说法，就像"天狗会吃掉月亮"一样不靠谱。

目前为止，FRB 信号到底代表着什么，科学家还没有定论，说它来自外星人或者外星文明都还只是一个大胆的猜测。或许未来，先进的科学技术会让我们了

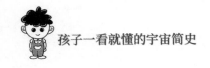

解这些来自天外的信号。

小豆丁懂得多

充满奥秘的宇宙很容易引起人们的无限遐想，尤其是天文学家发现的那些奇奇怪怪的信号，更是引起小豆丁对外星人的兴趣。

小豆丁翻阅图书时，发现了这样一个有趣的现象。1998 年，澳大利亚的天文学家通过射电望远镜观察到了一个神秘的无线电信号，当时人们都对这个信号十分好奇，怀疑它是外星人发出的信号，科学家为此还将它命名为佩里顿信号。

佩里顿信号被发现后的十几年，天文学家运用了各种方式，想要搞清楚这个信号。在研究过程中，天文学家纷纷猜测它的来历，有的科学家认为，信号的来源是飞机或者闪电；有的人则认为，它是黑洞蒸发或者中子星合并的信号；也有些科学家坚持它是外星人的通信信号。

让人意想不到的是，经过天文学家的多年研究，他们发现佩里顿与天空没有半点关系，这个神秘的信号居然来自天文台员工们热饭时使用的微波炉。

地球之外还有生命吗

著名物理学家斯蒂芬·霍金在美国华盛顿大学发表演讲时说过，我们的人类在宇宙之中并不孤单，因为在地球之外的星球上很有可能还存在着其他生命。

科学家认为，宇宙里适合生命生存的地方非常多，并且宇宙中到处都存在着 C（碳）、H（氢）、O（氧）、N（氮）等构成生命的基本元素，所以地球之外可能真的有生命存在。因此，有些科学家将寻找地球之外的生命作为了探索宇宙的重要课题。

1960 年，美国的天文学家在美国国家射电天文台开启了"奥兹玛计划"，正式在地球之外寻找其他的生命体。此次计划之后，各种检测地球之外生命体信号的计划变得越来越多。直到 2012 年 8 月，使用智利的阿塔拉马达毫米波阵列天文台的天文学家发现了一个奇怪的现象：当他们在研究一个叫作 IRAS 16293—2422 的恒星时，惊奇地发现了这个恒星周围的温暖气体中存在着糖分子。

天文学家对此兴奋不已，他们对这种糖分子进一步研究之后发现，这些糖分子由碳、氧、氢等元素组成。不要认为这个发现不足为奇，因为事实上糖分子是组成生命体的重要部分。

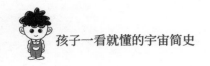

不过，生命的进化是一个漫长的过程，比如，人类这种高等智慧生命是在地球形成之后，经过上亿年的演变才出现的。

宇宙之中存在的恒星数不胜数，就我们银河系来说，就有很多适合生命生存的行星。科学家经过层层筛选之后发现，在 100 万颗处于适居带的行星中，可能会有 250 颗左右存在智慧生命。尽管这些星球距离地球很遥远，但是随着科技的进步，或许在未来，我们会有与这些星球上的生命体打交道的可能。

银河系在宇宙之中只是沧海一粟，整个宇宙中有无数个银河系，无边无际的宇宙之中，存在着无数个天体，这也证明宇宙中的生命体也是无限的。只不过，现在的科学技术还不足以让我们发现整个宇宙。但时间也是无穷无尽的，终有一天我们会了解宇宙中那些未知的奥秘。

小豆丁懂得多

"小豆丁，你知道吗？自从科学家测出太阳有一天会消亡之后，世界各国出于对未来的考虑，开始探索地球之外的生命，从而找到未来我们可以居住的地方。"爸爸对小豆丁说道。

　　原来，科学家发现，火星与地球有很多相同的地方，于是科学家认为，火星是最有可能诞生过生命的地方，不过到目前为止科学家还没有发现火星存在生命的证据。

外星人在哪里

　　宇宙中到底有没有外星人？他们到底在哪里？到目前为止，外星人只出现在电影或电视剧里。

　　之所以影视作品中出现大量的外星人形象，其实还是源于人们对外星人的想象。

　　到现在为止，科学家还没有找到外星人存在的证据，但这也不能证明宇宙之中没有外星人。因为宇宙中的星球不计其数，其中或许就有像地球一样存在生命的天体。

　　著名的物理学家恩里科·费米就相信宇宙之中是有外星人的，他曾经还提出外星人在哪儿的问题，而这一问题被称为"费米悖论"。后来，费米就这一问题展开了研究，并得出了以下几个答案。

　　第一，外星人可能躲在星球的地下海洋之中。科学家认为地下海洋的环境条件相对稳定，所以可能更适宜生命生存，并且很容易进化出高级的复杂生命体。如果高级生命体生活在地下海洋中，海洋还会为它们最佳的保护屏障。

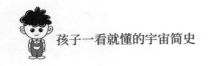

宇宙中存在着很多有地下海洋的星球，就连小小的太阳系里面就有好几颗冰冻星球，比如木卫二、木卫三、土卫二等。科学家还怀疑冥王星和土卫六的地下也存在着液态水海洋。这些地方都有可能是外星人的栖居之所。

第二，外星人可能受困于"超级地球"之中。天文学家通过研究发现，"超级地球"中很多都符合生物生存。不过，由于"超级地球"的重力非常大，即使上面有外星人，我们可能永远也没有办法和这些外星人见面。

第三，外星人或许存在于过去。地球曾经经历过 5 次物种大灭绝，由此可见，地球上的生命在发展过程中，总会有些物种和时间一样慢慢消失掉。而宇宙之中的天体在漫长的岁月中，它们经历的灾难可能也是数不胜数，有的星球甚至可能在一瞬之间爆炸消失在宇宙中。因此，外星人很有可能在这些星球上真的存在过，只不过它们还没有来得及和我们见面，就因为星球毁灭而彻底消失了。

外 星 人

在我们的地球上，一切的生命都是以碳元素为有机物质基础的。然而，我们也不能因此认为所有宇宙生命都是以碳为基础的，有科学家就提出，在地球之外的宇宙中，很可能存在着其他元素为核心的非碳基生物。

除了上面三种情况外，"费米悖论"中的假设还有很多，比如，外星人被暗能量分离出去了，再如，外星人就是我们常见的智能机器人等。不过，这些都是费米的猜测，人们现在还没有找到外星人存在的证据，但是相信，人类通过对宇宙永无止境的探索，总有一天会解开关于外星人的秘密的。

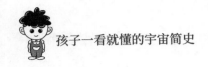

小豆丁懂得多

　　一提到外星人，小豆丁的脑海中就会浮现一个像幽灵般的绿色无毛怪物。不过，外星人的形象真的像他想象中那样吗？外星人会不会与人类长得很像呢？

　　相关的研究人员认为，外星人很有可能和人类并不相像，它们有的可能都无法被光和声波探测到。也许我们可能早就接触过外星人，只不过我们并不知道它们的存在而已。

　　有位科学家曾经猜测，外星人的社会可能是由超级智能机器人组成的，它们并不需要喝水，也不需要阳光，所以我们只把目光放到那些适合居住的星球上是不够全面的。要想找到真正的外星人，或许还可以从具有大量能源的地方入手，比如星系中心等。

未来可居之所

系外行星是怎样被发现的

　　系外行星一般是指太阳系以外的行星。最初，科学家认为，太阳是宇宙中唯一的拥有行星的恒星，直到天文学家亚历克斯·沃尔兹森在室女座的一颗脉冲星周围发现了两颗行星之后，"太阳系外还有其他行星"这一说法才被证实。

　　系外行星被发现后，人们对其探索的热情就被点燃了。科学家十分好奇，太阳系之外的行星到底是怎样的？这些系外行星存在生命吗？它们又是怎样形成的呢？带着这些问题，科学家开始研究这些神奇的系外行星。

　　不过，对系外行星的研究并没有想象中那么简单，因为行星都在恒星周围运转，而太阳系外的恒星又非常远，而且行星本身是不发光的，所以研究这些行星的难度很大。那么，科学家又是怎样目睹到系外行星的"风采"呢？

　　别急，虽然科学家不能直接在恒星周围找到可能存在的系外行星，但是可以

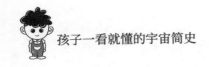

利用万有引力定律来帮忙。就像地球围绕太阳转动一样，行星都会围绕它们的恒星转动，利用这一点，科学家就能够找到这些行星。

行星在运行时产生的引力会影响恒星，行星通过引力"拉扯"恒星时，会让恒星轻轻"摇摆"。而科学家在地球上通过望远镜观察这些恒星时，会通过恒星这种细微的"摇摆"动作，来确定行星的位置，从而找到这些系外行星。

不过，行星的质量要比恒星的质量小很多，它也不可能对巨大的恒星造成很大的晃动。比如，太阳系中质量最大的行星木星，运行时也只会让太阳产生 12.4 米左右的晃动，而在地球上看到的太阳晃动连 10 厘米都不到。再加上，系外行星

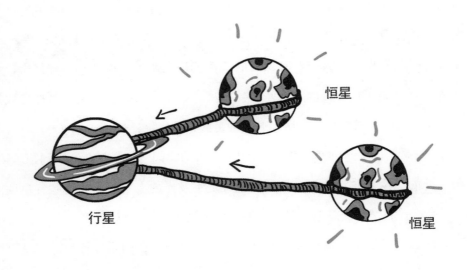

距离太阳系非常遥远，这些系外行星造成的恒星晃动距离会小很多，所以要想通过恒星的晃动找到行星也并非一件容易的事情。

当天文学家对此一筹莫展之际，瑞士日内瓦大学的米歇尔·麦耶和迪迪尔·奎洛兹一直坚持寻找系外行星。他们不断提高探测系外行星设备的探测器精度，并搜集了大量的观测数据。1995年，他们在飞马座一颗普通的恒星周围发现了一个质量差不多为木星一半的行星。让他们感到惊奇的是，这颗行星公转一圈只需要4天（地球日）。这一发现让这两位天文学家产生了质疑，因为太阳系中公转周期最短的水星，围绕太阳转一圈都需要88天。幸运的是，他们通过长时间的研究发现，这个天体就是一颗行星。于是，他们在1995年11月，正式向人们宣布这颗系外行星的"身份"，并将它命名为"飞马座51b"。

飞马座51b的发现，开启了发现系外行星的大门。在此之后的20年内，天文学家经过不断探测，发现了大量的行星。截止到现在，人们发现的系外行星已经超过了4 000颗。其中，和地球质量大小差不多的行星也有很多。

目前，美国为了寻找与地球类似的，同样围绕着其他恒星旋转的行星，计划发射一些"类地行星发现者号"的望远镜。通过这些大型的望远镜，天文学家将不断在太阳系之外探索和研究行星，并期待有一天可以在这些系外行星中找到生命的痕迹。

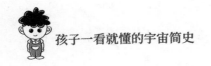

小豆丁懂得多

这天，小豆丁神秘地跟小桃子说："你知道吗，在发现的系外行星之中，有一颗奇异的行星，这颗行星比炭还要黑，很多人都叫它'黑面包青天'。"

小桃子好奇地问："宇宙中还有这样的行星吗？"

小豆丁说道："这颗行星的名字就叫 TrES—2b，研究人员通过分析开普勒望远镜的观测数据发现，这颗行星是目前发现的最黑的一颗行星，几乎不反射光。表面的温度非常高，会发出一些微弱的红色光芒，从地球上看，它就像一颗发烫的大煤球。很多科学家认为 TrES—2b 之所以这么黑，可能是它的大气层中存在着气态钠、钾的缘故，但目前科学家还没有确凿的证据。"

小桃子说道："宇宙真的好神奇，居然有这么多有趣的奥秘！"

地球 2.0

随着人类对地球的过度开采，各种能源也许有一天会被耗尽；伴随着全球温度的升高，人们越来越担心还能在地球住多久。天文学家也一直在寻找适合人类居住的星球。

目前为止，天文学家已经在太阳系外发现了许多颗恒星，其中人们提到最多的就是格利泽 581 恒星。

格利泽581c星球

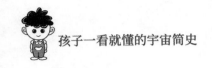

这颗恒星的质量大概是太阳的三分之一，在这颗恒星系统中有两颗行星在适居带内（适合人类居住的地带），这两颗行星分别是格利泽581g和格利泽581c。其中，格利泽581g是一颗与地球差不多的岩石行星，它的直径是地球的1.4倍。据科学家观测，格利泽581g上面具有稳定的大气层，它的表面很有可能存在湖泊、河流或者海洋。

与格利泽581g相比，格利泽581c似乎更受人欢迎。它被人们称为"地球2.0"，很多科学家也认为，这颗行星是非常适合人类居住的第二个地球。

格利泽581c之所以备受瞩目，是因为它具备很多适合人类生存的条件。根据推测，它的位置、磁场、温度等很多方面，都符合人类理想中的新地球。

首先，格利泽581c处于格利泽581恒星系统的适居带内。一个恒星可能会有多个行星，但是能够适宜人类居住的行星并不多。就像太阳系中，地球处于适居带内，所以地球才拥有合适的温度和液态水。

格利泽581c行星位于天秤座内，围绕着格利泽581恒星运行。如果把格利泽581恒星当作太阳的话，那么格利泽581c的位置刚好就相当于地球在太阳系的位置。

其次，格利泽581c有适合人类生存的磁场。研究发现，宇宙中存在很多辐射，这些辐射对人类的伤害非常大，甚至有可能会改变人类的DNA，一个行星在拥有磁场后，才能抵抗这些宇宙辐射。根据科学家的推测，格利泽581c上面也有磁场。

最后，格利泽581c的表面温度适宜。科学家发现，位于适居带的行星温度大多都在 0 摄氏度到 40 摄氏度之间，比如地球。科学家经过观测后发现，格利泽 581c 的表面温度很有可能在 16 摄氏度左右，它的温度很适合人类生存。并且在这个温度之下，格利泽 581c 行星很有可能存在液态水。

有些遗憾的是，虽然格利泽 581c 行星距离地球只有 20 光年的距离，但目前对于人类来说这个距离依旧是遥不可及的。至今为止，人类发明的最快的航天器，其速度也只能达到每小时 25 万千米，按照这个速度，我们也得需要 9 万多年才能到达格利泽 581c 行星。所以就现在来看，我们只能仰望这个地球 2.0 星球。

不过，根据英国的一项研究表明，这颗地球 2.0 可能并不存在。科学家认为，格利泽 581c 星球很有可能是格利泽 581 恒星爆发时导致的光线误差而成的像。这就像我们看到的"海市蜃楼"一样，是宇宙给我们的一种错觉而已。

直到现在，格利泽 581c 星球是否是地球 2.0 还没有定论，而我们现在能做的是保护好我们这个地球。至于到达地球 2.0 的愿望能不能实现，还是交给时间来解决吧！

小豆丁懂得多

宇宙中存在着上万亿个星系，每个星系里面又有超过 4 000 亿个恒星系，因此宇宙中类似地球这样的行星应该是数不胜数。除了被称为地球 2.0 的格利泽 581c 行星之外，科学家还发现过一个"超级地球"。

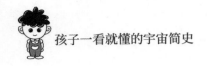

这个"超级地球"的名字叫作格利泽581d，它和格利泽581c是"同胞兄弟"，它们都围绕着格利泽581恒星运转。格利泽581d的大小大约是地球的3倍，距离地球大约22光年。这颗星球除了具备适合人类生存的条件之外，据说还存在着外星人。

早在2010年，英国的天文学家就接收到了一组神秘的信号，经过天文学家的研究发现，这组信号来自格利泽581d行星。很多天文学家认为，这些信号是外星人发过来的，格利泽581d很有可能存在外星生命。不过，真实的情况是什么样的还在探索之中。

探索之路

"观天之眼"

眼睛是人们观察事物的工具，自从人们发现宇宙的奥秘之后，科学家利用越来越先进的技术，制造了很多的"观天之眼"。从常见的望远镜到天文探测器，再到人造卫星以及航天飞机，人们在探索宇宙时使用的利器越来越多。

一、望远镜

世界上最早的望远镜是由伟大的天文学家、物理学家伽利略在荷兰商人利伯希的设想中改良出来的，因此这架望远镜被称为伽利略望远镜。伽利略通过这架望远镜发现了月球的高地和环形山，太阳黑子以及木星的 4 个卫星。

伽利略望远镜诞生之后，科学家又在它的基础上不断改良，并凭借着越来越先进的技术，发明了各种各样更先进的天文望远镜，比如，斯皮策红外线望远镜、

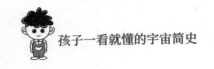

哈勃空间望远镜、费米伽马射线太空望远镜等。

斯皮策红外线望远镜是一台空间望远镜，它是由美国国家航空航天局，在2003年发射进入太空的。到目前为止，美国已经依靠斯皮策红外线望远镜发现了数个类星体；哈勃空间望远镜是天文史上非常重要的一架仪器，宇宙年龄，恒星的形成和死亡，甚至黑洞的发现都是通过它的观察并测算的；费米伽马射线空间望远镜是美国在2008年发射的另一架空间望远镜，人们利用它发现了最新的高能光线，并成功证明了爱因斯坦关于光速的理论。

二、太空探测器

太空探测器是一种无人驾驶的，由电脑程序控制的"宇宙飞行器"。大多数的太空探测器都是太空中的"旅行者"，它们在太空中将飞行目标的数据发射到地球之后，就按照预定的程序，飞往更远的宇宙深处。不过，也有一些探测器可以在行星、卫星或一些小行星表面着陆。

20世纪70年代初，苏联发射了第一个在火星软着陆的探测器，该探测器在向地球发送了约20秒的信号后就与地球失去了联系。随后的1976年，美国接连发射了"海盗1号""海盗2号"两个探测器。目前，人们发射的太空探测器已经上百个。这些太空探测器分别负责探访太空中行星、小行星、彗星、月球以及太阳等。通过这些探测器，我们将会进一步了解我们的宇宙。

三、人造卫星

月球是地球的天然卫星，一直围绕着地球转动。除了月球这种天然卫星之外，人们还发射了很多的人造卫星。人造卫星，顾名思义就是由人类制造的卫星，它们也可以围绕着地球运转，并且在运转时为我们提供关于地球和太空的信息。

第一颗人造卫星是由苏联发射的，这颗人造卫星叫作"旅行 1 号"。自从它进入太空之后，已经有几千颗卫星被成功发射升空。这些卫星各自有不同的任务，有些卫星是导航卫星，负责为人们导航定位；有些卫星则用于天气预报或者科学研究等。

四、航天飞机

航天飞机就是我们看到的宇航员乘坐的可飞往太空的航天器，它是可以往返于太空和地面之间的航天器，并且它还可以重复使用。

1981 年，世界上第一架航天飞机"哥伦比亚号"在美国发射成功。此后，世界各国相继发射了很多航天飞机。乘坐航天飞机的宇航员成功执行了发射、修理和回收卫星，以及拍摄地球和深层太空照片等多种任务。

从望远镜到航天飞机，随着科技的进步，人们用来探索宇宙的利器越来越先进，人们观察到的宇宙也越来越清晰。纵使无边无际的宇宙还存在着很多奥秘，但相信随着航天科技的发展，终有一天，人类会揭开宇宙的面纱，看到它的真实面目。

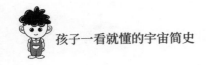

小豆丁懂得多

2016 年，在我国贵州平塘，一个口径 500 米的"超级大锅"正式被启用。可不要小看这口"大锅"，它是由中国科学院国家天文台主导建设的一座巨型射电望远镜。这个射电望远镜被称为"中国天眼"，它的反射面积相当于 30 个足球场大，比美国的阿雷西博望远镜还要灵敏。

在 20 世纪 90 年代，我国著名的科学家南仁东希望在电波环境被破坏之前，能够真正地看一眼初始的宇宙，从而搞清宇宙是如何形成和演化的。为了实现这个理想，南仁东提出了要建设一个 500 米口径望远镜的想法。

2013 年，我国相关部门批准了这个项目，南仁东带领国家天文台的工作人员用 3 年的时间，成功建设了中国天眼射电望远镜。自"中国天眼"启用之后，在短短的几年时间内，它已经发现了 80 多颗脉冲星。

NASA 的宇宙飞船计划

NASA 指的是美国的航空航天局，它是专门负责美国太空计划的政府机构。人类开启探索太空之路后，NASA 已经多次通过宇宙飞船将宇航员送往太空，并探索到了很多太空的奥秘。对宇宙的探索并不是一帆风顺的，NASA 在探索的道路上也曾经失败过。

1986 年，NASA 发射的"挑战号"宇宙飞船在发射不久后爆炸，此次事故导致 7 名宇航员全部遇难，NASA 的太空计划因此遭受了重大的挫折。而 NASA 的厄运并没有因此终止，2003 年悲剧再次上演，"哥伦比亚号"宇宙飞船在执行完 16 天的任务，返回地球的途中爆炸，飞船内的 7 名宇航员也全部遇难。

宇宙飞船由轨道器、固体燃料火箭助推器、主发动机和油箱组成。宇宙飞船能够逃离地心引力飞上天，依靠的是火箭推力。在飞行的过程中，宇宙飞船的每一个零件出现问题都有可能导致宇宙飞船发生意外。据悉，"哥伦比亚号"宇宙飞船的爆炸，是因为宇宙飞船起飞时隔热泡沫塑料脱落撞坏了机翼导致的。

但失败并没有让 NASA 一蹶不振，而是激发了 NASA 更加浓烈的探索精神。自从宇宙飞船计划执行以来，取得了许多傲人的成就。

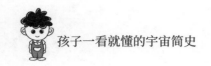

2019 年 7 月 2 日，NASA 制造的"猎户座"太空船成功通过了发射中止测试，这意味着宇航员在执行任务时如果发生意外，可以紧急中止飞行计划，并且顺利脱离危险。经过这次测试，NASA 表示，在 2022 年，"猎户座"宇宙飞船将会实现载人飞行计划。

另外，NASA 已经开始规划探索半人马座阿尔法星的任务。半人马座阿尔法星是距离地球很近的恒星系统，它离地球只有 4.4 光年。目前，最快的宇宙飞船到达半人马座阿尔法星也需要 18 000 年。

美国的科学家为了这一计划，正在努力研发一系列突破性技术。NASA 希望在 2069 年实现这一计划，到那时，NASA 可能就会探索到半人马座阿尔法星球是否存在生命。

小豆丁懂得多

爸爸的办公桌坏了，他一大早就开始联系电焊师傅过来维修。小豆丁见了，告诉爸爸："如果在太空上，就不用这么麻烦了。"

爸爸问道："为什么这样说呢？"

小豆丁说道："上课的时候，老师告诉我们，如果两块金属在太空中接触，不需要高温、加热等条件，自然而然就会熔接在一起。”

爸爸说道："这听起来似乎很有趣，不过，你能给爸爸解释一下其中的缘由吗？"

小豆丁不紧不慢地说："在地球上，我们必须通过焊接才能将金属熔接到一起，这是因为地球上有空气。而太空完全处于一种真空的环境中，物体之间没有空气的阻挡，当两块相同的金属碰到一起时，接触面的原子就会扩散，这样两块金属就会慢慢融合一起。在天文学中，人们又把这种现象叫作'冷焊'现象。"

爸爸听了，不住地夸赞小豆丁："看来小豆丁最近又学了不少天文学知识，真是太厉害了！"

小豆丁开心地笑了。

宇宙空间站

宇宙飞船成功让人类饱览太空美景，领略到了太空的风采，这标志着人类科技前进了一大步。但人类并不满足在太空中进行短暂的遨游，为了能够获取更多太空的信息，人类开始在太空中建立可以长期生活和工作的基地，这个基地就叫作宇宙空间站。

人类设计的宇宙空间站始终环绕着地球轨道运行，并负责运送宇航员和太空物资，人们又将它叫作"宇宙岛"。宇航员在宇宙空间站中可以居住几个星期、几个月甚至几年，在居住期间他们可以在太空中进行长期试验。

人类历史上第一个宇宙空间站是苏联建立的，它的名字叫作"礼炮1号"。1971年4月，"礼炮1号"发射成功，它在距地球大约200千米高的太空轨道上运行，里面装载着各种实验设备和照相设备等。由于"礼炮1号"宇宙空间站的轨道比较低，它只在太空中停留了5个月。

1973年5月，美国的第一个宇宙空间站——天空实验室发射成功，它在距地球435千米高的太空轨道中运行，先后接待了9名宇航员。在天空实验室飞行期间，宇航员用几十种科学仪器进行了200多项生物医学、空间物理、天文观测等试验。

宇航员还拍摄了大量的地球表面照片和太阳活动的照片，并研究了人在太空活动的各种现象。

宇宙空间站中并没有上下方向，不过 1986 年俄罗斯发射的"和平号"空间站内却按照地球上的房间进行了一番布置。在"和平号"空间站内的"地板"上铺着地毯，"墙"上挂着画，"天花板"上还挂着灯。"和平号"空间站执行任务的时间非常久，俄罗斯著名宇航员瓦勒利·波利亚科夫就曾经在空间站连续工作了 437 天。

之后，人们又开始准备国际宇宙空间站。2001 年，第一批宇航员成功登上了国际宇宙空间站，这一跨时代的举动在世界引起了很大的轰动。

我国也在不断努力探索宇宙空间站技术，2021 年 1 月，我国空间站天和核心舱、天舟二号货运飞船、空间应用系统核心舱任务，分别顺利通过主管部门组织的出厂评审，标志着我国空间站建造即将转入任务实施阶段。

对于人类来说，宇宙空间站的建立不仅是国家航天技术的见证，更是人们解读宇宙的重要工具。随着地球上资源的日益减少，我们的家园在未来或许会有毁灭的一天，但在宇宙之中，人类可以探索的东西还有很多，宇宙空间站就是取用宇宙资源最好的途径，也是未来我们在太空安家的重要条件。

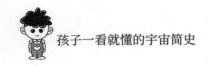

小豆丁懂得多

我们经常看到宇航员漂浮在太空中的照片。在我们看来，宇航员失重的状态非常滑稽，但其实宇航员失重的感觉十分痛苦。

宇航员进入太空之后，开始时会感觉恶心、头晕或者失去方向感。随着失重时间的逐渐变长，宇航员的头部和鼻窦会发胀，腿部会皱缩。如果长时间待在太空，还会出现肌肉无力、骨骼变脆等症状。由此可见，登上太空并不像想象中那么好玩。

太空移民计划

在浩瀚的宇宙当中，地球是人类的栖居之所，但著名的物理学家霍金曾经表示，未来地球将会有一场浩劫，这意味着地球有一天可能会毁灭。如果人类想要一直生存下去，就必须要在地球毁灭之前移民到其他星球上去。

事实上，自从1957年苏联发射第一颗人造卫星之后，人类已经先后向太空发射了各种卫星、探测器以及宇宙飞船，并且还建立了多个宇宙空间站。科学家预计，按照现在的科技发展速度，人类移民太空已经为期不远了。

而要想实现太空移民计划，首先要找到一个可以移居的星球。根据科学家多年的研究，目前在太阳系内最适合人类生存的星球就是火星了。不过，人类要想移居火星，还需要克服很多困难，火星上还有许多不利于人类居住的因素。

相对于地球来说，火星非常干旱和寒冷，而且气压也非常低，人类如果不对环境进行改造，直接进入火星一定是无法生存的。所以，为了能够实现移民火星，科学家首先就要改造火星。NASA就曾针对火星提出了一个改造计划，计划内容是用1 000年到10 000年的时间，将火星改造成一个对人类来说宜居的星球。

为了实现这个改造计划，NASA已经招募了一批火星移民志愿者，并计划在

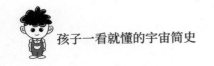

2033 年左右将这批志愿者送往火星。这批志愿者将会在火星建立核电站和化工厂，制造温室气体，增加火星上的大气浓度，并将火星上的冻土溶解，从而使火星上的水变成可用的液态水。如果火星改造计划成功的话，那么或许人类就可以在火星生存了。

在 NASA 紧密地进行太空移民计划的同时，俄罗斯也开始实施太空移民计划的第一步。而我国也在几年前将太空移民作为了航天科技发展的重点。现在，我国已经建成了火星模拟基地，并且成功进行了一次全封闭式的实验。在这次试验中，实验人员的全部活动都是依靠舱内的循环系统来进行的。这次实验的成功标志着我国离太空移民计划又近了一步。

就目前的科学技术来说，在太阳系内实现移民计划或许是可行的，但要实现移居到太阳系之外的星球上还存在着很大的难度。其中，最让人头疼的问题就是如何到达那些距离我们很遥远的星球上。

即使我们可以用光速前进，至少也需要好几年的时间到达太阳系外的星球。更何况，目前我们使用的化学燃料的火箭速度连光速的 1% 都没有达到。

虽然太空移民计划到现在为止还有很多难关，但人类一直都在进步和发展。不妨想象一下，或许未来人们能住在不同的星球之上。

小豆丁懂得多

一听到太空移民，小豆丁就非常有兴致，他很期待人类可以像电影中描述的那样，在不同的星球间穿梭，感受不同星球的环境和动植物。

不过，老师告诉小豆丁，人类还不能在短时间内实现太空移民计划，因为摆在人类面前的难题还有很多，但是，如果只是想去太空中进行短暂旅游还是可行的。日本和美国的一些研究人员就表示，会在 21 世纪内设计一种太空宾馆，以便为到太空旅游的人们提供服务。

据研究人员的计划，这种太空宾馆将会建设在 450 千米的高空之上，它的直径可以达到 140 米，就像一个大型的游乐场，而它的房间大概可以供 100 名旅客住宿。另外，为了防止太空旅客因为失重产生不舒服的感觉，太空宾馆会每分钟自转 3 圈，从而产生像地球一样的引力。

美国的航天专家认为，太空宾馆计划是可以进行的。因为那时的宇宙航行会非常安全，因此只要身体健康的人都可以进行一场太空旅行。如果在未来，太空宾馆真的可以建成，那时的人们或许就可以像平时旅行一样，简单收拾一下，穿上宇航服就可以搭乘航天飞机到太空遨游，并在太空宾馆内入住了。

参考文献

[1] 霍金，王宇琨，董志道 . 图解时间简史 [M]. 译者 . 北京：北京联合出版公司，
2013.

[2] 加尔法德 . 极简宇宙史 [M]. 董文煦，译 . 上海：上海三联书店，2016.

[3] 李淼，王爽 . 给孩子讲宇宙 [M]. 长沙：湖南科学技术出版社，2017.

[4] 金斯 . 宇宙深处 [M]. 北京：石油工业出版社，2017.

[5] 欧文 . 宇宙奥秘 [M]. 北京学乐行知教育科学研究院，译 . 北京：朝华出版社，
2016.

[6] 王爽 . 穿越银河系 [M]. 北京：清华大学出版社，2019.

[7] 邹小端 . 小行星探测：太空争夺的新前沿 [J]. 太空探索，2017（5）.

[8] 许林玉，西芒格尔：SETI 探索可能存在外星信号 [J]. 世界科学，2016（11）.

[9] 袁峰 . 看见黑洞："人类公布首张黑洞照片"事件解读 [J]. 科学通报，2019（6）.

[10] 李俊 . 遨游银河系 [M]. 北京：光明日报出版社，2014.

[11] 斯塔熊文化，阿哲 . 漫画宇宙简史 [M]. 北京：北京理工大学出版社，2019.

[12] 李大鹏 . 火星移民指南：人类的十年计划 [J]. 科技风，2018（1）.